Pierre Kobes

Leitfaden Industrial Security

Pierre Kobes

Leitfaden Industrial Security

IEC 62443 einfach erklärt

2., völlig neu bearbeitete und erweiterte Auflage

VDE VERLAG GMBH

ICS 25.040; 33.040.40; 13.310

Bibliografische Information der Deutschen Nationalbibliothek
Die Deutsche Nationalbibliothek verzeichnet diese Publikation in der Deutschen Nationalbibliografie; detaillierte bibliografische Daten sind im Internet über https://portal.dnb.de abrufbar.

ISBN 978-3-8007-5303-1 (Buch)
ISBN 978-3-8007-5304-8 (E-Book)

Titelbild: Cyber Security Operation Center (Quelle: www.siemens.com/presse)

Satz: le-tex publishing services GmbH, Leipzig
Druck: Plump Druck & Medien GmbH, Rheinbreitbach
Printed in Germany 2024-11

Vorwort

Der Schutz von kritischen Infrastrukturen gegen Cyberangriffe ist heute eines der wichtigen Ziele einer jeden Nation. Mehrere Länder haben Direktiven und Gesetze verabschiedet, die die Betreiber verpflichten, ein Mindestmaß an Cybersicherheitsanforderungen zu erfüllen. Die erste Auflage dieses Buchs bleibt nach wie vor aktuell. Die Gesetzgebung entwickelt sich langsam, die Verschärfung der Cyberbedrohungen hat seine eigene Geschwindigkeit. Geschäftsverantwortliche werden mehr denn je gefordert, ihre industriellen Anlagen zu schützen. Die Norm IEC 62443 adressiert die verschiedenen Themen der industriellen Cybersicherheit, sie wird daher mehr und mehr sowohl von Betreibern als auch von Produktherstellern für die Entwicklung von ganzheitlichen Schutzkonzepten angewendet.

Als ich mich mit Cybersicherheit im industriellen Umfeld beschäftigt habe, wurde mir schnell klar, dass das Thema vielseitig ist. Der Schutz gegen Cyberbedrohungen erfordert eine Reihe unterschiedlicher, oft voneinander unabhängiger Maßnahmen. Zum Beispiel muss der Zugriff auf die Anlage verwaltet werden, aber gleichzeitig auch ein Patch-Management betrieben und gegen Malware geschützt werden. Drei Maßnahmen, die unabhängig voneinander, aber gleich wichtig sind. Ein ganzheitlicher Ansatz für einen nachhaltigen Schutz von industriellen Anlagen erfordert den Beitrag der Produkthersteller, aber auch der Integratoren und Betreiber und beinhaltet sowohl technische als auch organisatorische Maßnahmen.

Ich habe an der Entstehung der Norm IEC 62443 mitgearbeitet und einige der Konzepte, die in diesem Buch beschrieben werden, entwickelt. Diese haben sich während meiner langjährigen Laufbahn in einem großen Konzern bewährt, und es war für mich nahezu unumgänglich, als selbstständiger Berater die IEC 62443 weiterhin voranzubringen. Die Norm ist umfangreich, was der Vielfältigkeit des Themas geschuldet ist. Dieses Buch ist ein Versuch, den Zugang zu der Norm zu erleichtern und einen Überblick über die wesentlichen Konzepte der IEC 62443 zu geben. Diese sind auch die Basis für die Entwicklung und den Betrieb von Schutzschemata für industrielle Anlagen und für die Integration der Cybersicherheit in den Entwicklungsprozess von Produkten. Das Buch ist sowohl für Entscheider, technische Leiter, Geschäftsführer, Ingenieure, Techniker sowie Studierende gedacht.

Diese zweite Auflage spiegelt die Weiterentwicklung der IEC 62443 wider. Ganzheitliche Ansätze für Schutzschemata von industriellen Anlagen und für die Entwicklung möglichst sicherer Produkte werden detailliert dargestellt. Die in der ersten Auflage beschriebenen Konzepte wurden verfeinert. Insbesondere ist das Zusammenführen aller Anforderungen in die Elemente des Security-Programms des Betreibers heute konkreter geworden. Diese Struktur wurde in dem im Jahr 2024 veröffentlichen Teil der Norm für Betreiber von industriellen Anlagen festgelegt.

Sandhausen, im Herbst 2024

Pierre Kobes

Inhaltsverzeichnis

1 Einleitung

Hackerangriffe auf Firmen oder Regierungsstellen machen deutlich, dass der sogenannte „Cyberwar“ längst zur Realität geworden ist. Immer mehr geraten auch Industrieunternehmen und industrielle Anlagen ins Visier von Attacken, wie die zunehmenden Sicherheitsvorfälle in den letzten Jahren aus aller Welt deutlich machen. Ziele und Taktiken der Angriffe haben sich verändert, das Vorgehen wird zunehmend aggressiver und die Werkzeuge effektiver. Die veränderte Bedrohungslage erfordert ein grundlegendes Umdenken in Bezug auf Informations- und Zugriffsschutz, sowie das Vorgehen bei der Etablierung von Sicherheitskonzepten. Die Angreifer rüsten auf, sowohl Produkthersteller als auch Betreiber von Automatisierungslösungen müssen sich diesen Bedrohungen stellen.

Schlagzeilen über Industrial Security finden sich mittlerweile auf den Titelseiten und in den Nachrichten. Meldungen über Hacker-Angriffe sind bereits an der Tagesordnung und man kommt nicht umhin, sich der Tatsache zu stellen, dass von Jahr zu Jahr immer mehr Angriffsmöglichkeiten aufgedeckt werden. 1996 gab es erst eine Handvoll Meldungen über bekannt gewordene Sicherheitslücken und diese Zahl stieg bis in die letzten Jahre nahezu exponentiell auf mehrere Tausend an. Die Dunkelziffer der tatsächlich vorhandenen Angriffsmöglichkeiten liegt wohl noch um ein Vielfaches höher.

Im Office-Bereich werden bereits Standards für Maßnahmen zum Schutz von Informationen gegen Manipulation oder Datendiebstahl angewendet. Die Normserie ISO/IEC 27000 hat hier seit Jahren eine breite Akzeptanz gefunden. Im industriellen Umfeld konsolidieren sich verschiedene nationale Initiativen mehr und mehr in der Norm IEC 62443, auch referenziert als ISA/IEC 62443. Sie adressiert die spezifischen Belange der IT-Sicherheit industrieller Anlagen. Die Akzeptanz der IEC 62443 wächst in den relevanten Bereichen der Industrie. Bezeichnend ist, dass auch die amerikanische Behörde FDA (Food and Drug Administration) diese Norm referenziert. Grund genug, um sich mit dieser Norm auseinander zu setzen.

Die Norm stellt eine wichtige Unterstützung beim Erstellen und Betrieben von Securitymaßnahmen zum Schutz von industriellen Anlagen während des Betriebs dar. Dieses Buch gibt einen Überblick über die Bestandteile und Konzepte der IEC 62443 sowie deren Verwendung beim Erstellen, Betreiben und Warten eines ganzheitlichen Schutzschemas (*Security Protection Scheme, SPS*).

Obwohl die Norm ursprünglich von der Automatisierungstechnik in der Prozessindustrie getrieben wurde, deckt ihr Anwendungsbereich nahezu alle Industriebereiche ab, z. B. die diskrete Fertigung, die Gebäudeautomation, verteilte Versorgungssysteme für Strom, Öl oder Wasser sowie Pipelines und die Öl- und Gas-Produktion. Die Akzeptanz der IEC 62443 wächst auch in anderen Branchen, die automatisierte oder ferngesteuerte Einrichtungen einsetzen, beispielsweise in der Bahntechnik oder in der Medizintechnik.

Die Norm beeinflusst potenziell alle Aktivitäten, die für einen vorhersagbaren und sicheren Betrieb der Produktion sowie den Schutz von Menschen und Umwelt erforderlich sind.

Industrial Cybersecurity

Der Begriff IT-Sicherheit oder Informationssicherheit wird allgemein verwendet, um den Schutz von Informationen gegen Manipulation und Diebstahl zu bezeichnen. Das Ziel der Informationssicherheit ist es, die Vertraulichkeit, Integrität und Verfügbarkeit von Informationen, die ein System verarbeitet, sicherzustellen. Die Reihenfolge entspricht hier auch der Priorität der Schutzziele. So ist es im Büroumfeld wichtiger, Informationen gegen unerlaubten Zugriff zu schützen, als die Informationen unmittelbar und jederzeit dem Anwender zur Verfügung zu stellen. Es ist nicht ungewöhnlich, dass es am PC-Arbeitsplatz einige Sekunden dauern kann, bis sich das gewünschte Bild aufgebaut hat, oder der PC für einige Minuten nicht zur Verfügung steht, weil eine Aktualisierung des Betriebssystems vorgenommen wird.

Die IT-Sicherheit im industriellen Umfeld hat einen etwas anderen Schwerpunkt. Hier geht es um den Schutz industrieller Anlagen gegen Missbrauch, der durch unerlaubte physische und digitale Zugriffe hervorgerufen werden kann. Dieser kann aus krimineller Motivation kommen oder durch fahrlässiges Verhalten bewirkt sein. Beispielsweise könnte ein Mitarbeiter in einer Notsituation versuchen, die Festplatte des Produktionsrechners während der laufenden Produktion zu formatieren. Im Vordergrund der IT-Sicherheit in Automatisierungslösungen steht die Verfügbarkeit der Anlage. Es muss sichergestellt sein, dass die Produktion aufrechterhalten bleibt, auch wenn die Automatisierung durch Fehlhandlung oder Angriff beeinträchtigt wird. Die Priorität der Schutzziele sind in erster Linie die Verfügbarkeit und die Integrität der Automatisierungslösung in ihren Kernfunktionen, nämlich die Produktionsanlage zu steuern und zu überwachen. Obwohl auch vertrauliche Daten, wie z. B. Rezepte in einer Automatisierungslösung bearbeitet werden können, steht oft der Schutz von Informationen gegen Datendiebstahl nicht im Vordergrund. Zur Unterscheidung von der IT-Sicherheit im Büroumfeld wird oft der englische Begriff „Industrial Cybersecurity“ für die IT-Sicherheit im industriellen Umfeld verwendet. Es gibt im Deutschen keinen einfachen Begriff für den Einsatz von IT-Sicherheit im industriellen Umfeld, daher werden wir im Folgenden in Abgrenzung zur Office-IT den Begriff „Industrial Cybersecurity“ oder „IACS Security“ verwenden. Wenn nur der Begriff „Security“ verwendet wird, oft in Zusammensetzung mit anderen Begriffen, z. B. „Securityanforderung“ oder „Securitymaßnahme“, ist immer die IT-Sicherheit im industriellen Umfeld gemeint.

2 Cybersecurity wird durch Technologie, Prozesse und Menschen bestimmt

Es ist das allgemeine Verständnis, dass Cybersecurity sowohl technische als auch organisatorische Maßnahmen erfordert. Industrial Cybersecurity erfordert immer das Zusammenspiel von Technologie, Prozessen und Menschen.

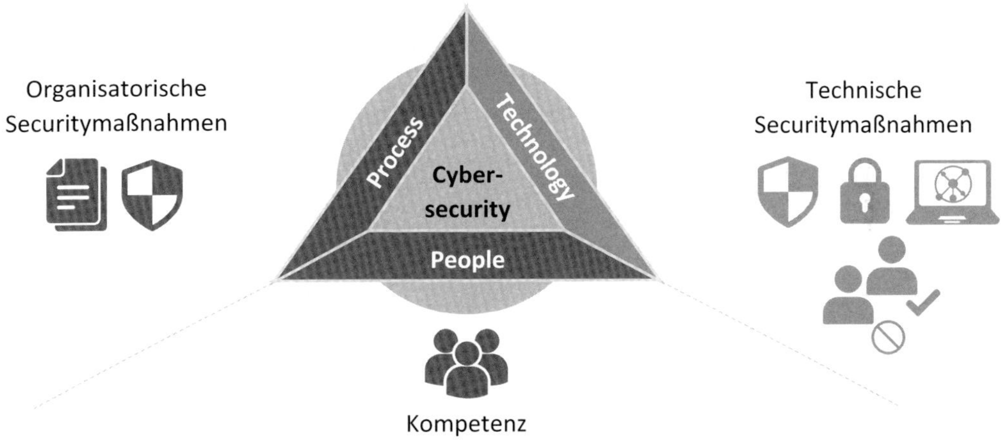

Bild 2.1 Cybersecurity erfordert das Mitwirken von Technologie, Prozessen und Menschen.

Ganzheitliches Cybersecurity-Konzept für Produkte

Für den Produkthersteller stellt die Technologie-Seite des Dreiecks die Securityfunktionalitäten seiner Komponenten oder Systeme dar. Im Allgemeinen werden Komponenten und Systeme gemäß den Anforderungen der Zielmärkte entwickelt. Produkthersteller integrieren Securityfunktionen in ihren Produkten, die in möglichst vielen Projekten eingesetzt werden können. Zum Beispiel kann sehr oft die gleiche Steuerung sowohl in Maschinensteuerungen als auch in komplexen Automatisierungslösungen der Öl-und-Gas-Industrie Einsatz finden.

Die Prozess- und Menschen-Seiten des Dreiecks betonen die Notwendigkeit, Cybersecurity in allen Phasen des Produkt-Lebenszyklus zu integrieren. Der Produkthersteller sollte ein ganzheitliches Cybersecurity-Konzept für seine Produkte einführen. Dazu gehören die klassischen Phasen der Entwicklung – Spezifikation, Design, Implementierung und Test – mit dem Ziel, möglichst die Entstehung von Angriffsmöglichkeiten während der Entwicklung des Produkts zu vermeiden. Produkthersteller sollten auch eine betriebsbegleitende Unterstützung während der Vermarktung anbieten, mit Anleitungen zur sicheren Verwendung des Produkts, die Behandlung vor Angriffsmöglichkeiten und das Management von Patches und Aktualisierungen. Schließlich gehört zu einem ganzheitlichen Cybersecurity-Konzept der Schutz der Produktions- und der Entwicklungsumgebung gegen Manipulation der aufgespielten Firmware oder Software.

Security Protection Scheme (SPS) für Anlagen

In einer Produktionsanlage sind die Anforderungen eines spezifischen Projekts zu erfüllen. Die Norm IEC 62443 adressiert die Securitymaßnahmen eines sogenannten *„Industrial Automation and Control System (IACS)"*. Typische IACS sind beispielsweise die Steuerung und Überwachung von Produktionslinien oder kontinuierlichen Prozessen, Bahninfrastrukturen oder Gebäudemanagementsysteme. Die Automatisierungslösung ist verbunden mit dem physischen Prozess über Signale und Daten und besteht aus vernetzten Produkten, die in ihrem Zusammenspiel die Funktionen der Automatisierungslösung realisieren. Produkte können Komponenten, wie Steuerungen, Firewalls, Gateway, SCADA-Systeme, PC-basierte Stationen, oder Software-Komponenten sein. Produkte können auch Systeme als Kombination von Komponenten, die kommunizieren und kooperieren, um Systemfunktionen zu realisieren, z. B. Leitsysteme, Maschinen- oder Robotersteuerungen, sein.

Der Begriff IACS schließt alle Bestandteile ein, die für einen sicheren und zuverlässigen Betrieb einer automatisierten Anlage erforderlich sind:

- Eine technische Lösung, die **Automatisierungslösung**, die den physischen Prozess steuert und überwacht
- **Organisatorische Maßnahmen** zum Betrieb der Automatisierungslösung

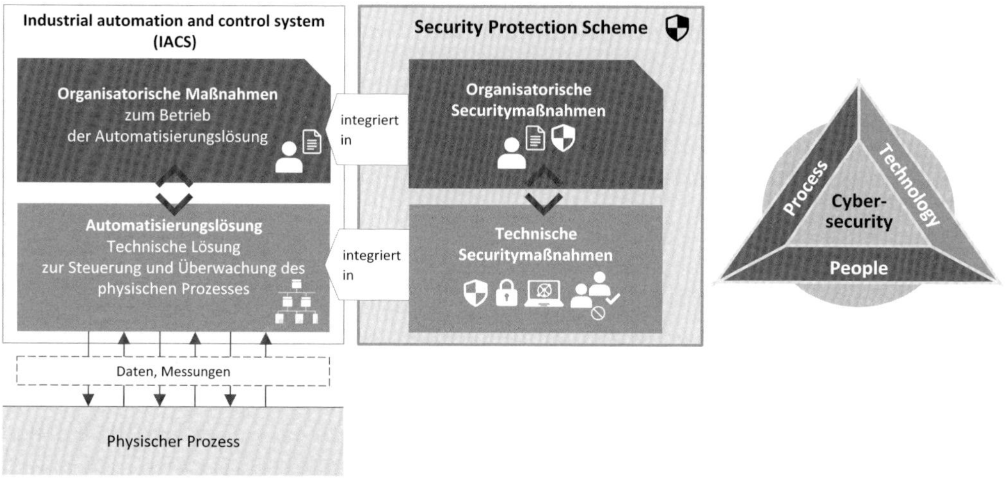

Bild 2.2 Security Protection Scheme, integriert in das IACS

In Bezug auf Cybersecurity haben die Security-Aktivitäten das Ziel, ein ganzheitliches Schutzschema (*Security Protection Scheme, SPS*) für das IACS im Betrieb zu entwickeln und zu betreiben.

Ein **ganzheitliches Schutzschema (*Security Protection Scheme, SPS*)** besteht aus technischen und organisatorischen Maßnahmen zur Reduzierung der Risiken von Security-Bedrohungen während des Betriebs.

In diesem Umfeld stellt die Technologie-Seite die Security-Fähigkeiten der Automatisierungslösung dar. Sie werden durch Integration und Konfiguration der Securityfunktionen der eingesetzten Produkte realisiert. Zusätzliche kompensierende Securitymaßnahmen können entwickelt werden, wenn die Produktfähigkeiten nicht ermöglichen, den gewünschten Schutz zu erreichen.

Prozesse und Menschen stehen für den Betrieb der Automatisierungslösung gemäß Security-Richtlinien und -Prozessen. Zu den organisatorischen Securitymaßnahmen gehören die Richtlinien und Prozeduren für den Betrieb und die Wartung der Automatisierungslösung, die Festlegung von Verantwortungs- und Eskalationsketten und die Qualifikation des Personals. Organisatorische Securitymaßnahmen sind oft mit den technischen Fähigkeiten der Automatisierungslösung verbunden und müssen darauf abgestimmt sein. Hervorzuheben ist, dass die Daten, die in Securitymaßnahmen eingesetzt werden, stetig aufrechterhalten werden müssen. Dazu gehören z. B. Virenpattern, Firewall-Regeln, die Liste der erlaubten Nutzer und deren Konten oder die Backup-Daten für die Sicherung und Wiederherstellung des Systemzustands.

3 Rollen in der IEC 62443

Grundlegend für die Norm IEC 62443 ist, dass der Schutz eines IACS in Betrieb gegen Cyberbedrohungen nicht durch eine einzelne Maßnahme zu erreichen ist, sondern ein Bündel aufeinander abgestimmten Maßnahmen erfordert, die durch verschiedene Protagonisten zu erbringen sind. Die Norm IEC 62443 adressiert alle Protagonisten, die für Entwicklung und Betrieb eines ganzheitlichen Schutzschemas beitragen müssen. Um unabhängig von juristischen Einheiten zu sein, werden diese Protagonisten entsprechend ihren Rollen beschrieben.

Eine Rolle wird durch Verantwortungen und Aktivitäten definiert, die von einer Organisation auszuführen sind. Eine Organisation kann eine Einzelperson, eine juristische Einheit, z. B. eine Firma oder eine Behörde, sowie ein Teilbereich einer juristischen Einheit, etwa eine Abteilung oder eine Division sein.

Eine Organisation kann eine oder mehrere Rollen ausführen. Es kommt oft vor, dass dieselbe Firma den Betrieb des IACS verantwortet und auch für Design, Implementierung und Validierung der Automatisierungslösung zuständig ist. Auf der anderen Seite kann eine Rolle durch mehrere Organisationen ausgeführt werden. Oft werden Wartungsaktivitäten durch unterschiedliche Organisationen ausgeführt.

Entwicklung, Betrieb und Wartung eines ganzheitlichen Schutzschemas für IACS in Betrieb erfordern, dass alle beteiligten Protagonisten kooperieren und ihren Beitrag gemäß ihrer Rolle leisten. Bild 3.1 zeigt einen Überblick über die Basisrollen und ihrer Pflichten und Verantwortungen.

Die Rolle Betreiber (*asset owner, AO*) beinhaltet zwei Verantwortungen. Die erste Verantwortung ist die Haftbarkeit für das IACS, einschließlich dessen Schutz während des Betriebs. Der Betreiber muss alle Risiken verantworten, die mit der Anlage verbunden sind. Die Rolle AO definiert das tolerable Restrisiko, das die Basis aller Cybersecurity-Aktivitäten entlang des IACS-Lebenszyklus ist. Die Organisation in der Rolle AO delegiert in der Regel Verantwortungen und dazugehörigen Aktivitäten an anderen Rollen, bleibt jedoch immer rechenschaftspflichtig. Der zweite Bestandteil der Rolle AO ist die Verantwortung für den Betrieb des IACS gemäß festgelegter Cybersecurity-Richtlinien und -Prozesse. Dies schließt die Pflege der Daten ein, die in einigen Securitymaßnahmen verwendet werden. Die zweiteilige Gestaltung der Rolle AO ist der Tatsache geschuldet, dass in vielen Fällen der Betreiber auch der Eigentümer des IACS ist.

Die Rolle Wartungsdienstleister (*maintenance service provider, MS*) verantwortet das Update und den Abbau der Automatisierungslösung. Im Vergleich zur Pflege der Daten, die in einigen Securitymaßnahmen verwendet werden (Rolle AO), haben die Aktivitäten zum Ziel das Update und eventuell eine Erweiterung der Securitymaßnahmen, um eine Verschärfung der Bedrohungslage oder eine betriebsbedingte Änderung zu berücksichtigen. Risikoanalysen müssen durchgeführt werden, um zu prüfen, ob das Schutzschema den gewünschten Schutz nach wie vor erreichen kann. Ist dies nicht gegeben, wird eine Updatephase gestartet. In der Regel werden sowohl technische Securitymaßnahmen der Automatisierungslösung als auch organisatorische Maßnahmen für den Betrieb überarbeitet. Die Rolle MS ist auch in der Verantwortung bei dem Abbau von Teilen oder der gesamten Automatisierungslösung. Dabei darf das tolerable Restrisiko für das übrige IACS in Betrieb nicht überschritten werden.

Die Rolle Systemintegrator (*integration service provider, SI*) ist für Design, Implementierung, Inbetriebnahme und Validierung der Securitymaßnahmen der Automatisierungslösung zuständig. Das Ziel der Aktivitäten ist die Entwicklung und Validierung eines ganzheitlichen Schutzschemas für das IACS in Betrieb, das dem tolerablen Restrisiko entspricht. Es geht um die Entwicklung von technischen Securitymaßnahmen für die Automatisierungslösung, aber auch um die Generierung von Anleitungen für die dazugehörigen organisatorischen Maßnahmen, die während des Betriebs umzusetzen sind. Oft werden Design und Auslegung von Teilen oder der gesamten Automatisierungslösung von einer oder mehrerer Organisationen ausgeführt, während Inbetriebnahme und Validierung von anderen Organisationen verantwortet werden.

Die Rolle Produkthersteller (*product supplier, PS*) entwickelt Securityfunktionen der Produkte, die in der Automatisierungslösung eingesetzt werden. Es müssen Prozesse zur Unterstützung der Produkte etabliert werden, um Angriffsmöglichkeiten zu behandeln, die während der Vermarktung entdeckt wurden. Der Produkthersteller hat auch die Verantwortung, durch entsprechende Anleitungen die Integration, das Härten und den Betrieb der in der Automatisierungslösung eingesetzten Produkte zu unterstützen.

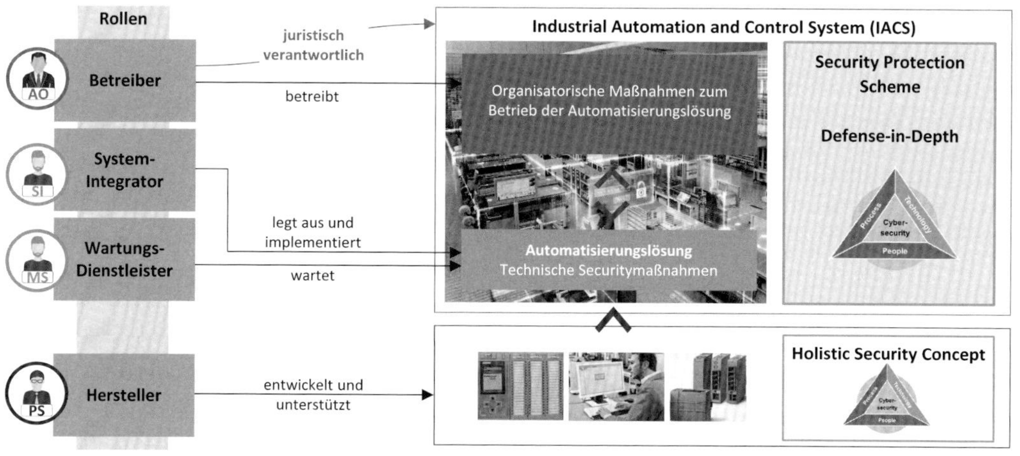

Bild 3.1 Basisrollen in IEC 62443

Organisationen, die die beschriebenen Rollen ausführen, können von einem Projekt zum anderen stark variieren und die Bezeichnungen sind oft je nach Branche oder Region sehr unterschiedlich, hier einige Beispiele:

- Rolle AO: Endanwender, Operator, Anlagenführer, Produktionsabteilung usw.
- Rolle MS: Wartungsabteilung, technischer Dienst usw.
- Rolle SI: Integrator, EPC, Produkthersteller, Anlagenbauer, Inbetriebsetzer usw.
- Rolle PS: Lieferant, Produzent, Fabrikant, OEM usw.

4 Struktur der IEC 62443

In diesem Abschnitt werden die wesentlichen Dokumente gelistet, die für die Ausführungen dieses Buchs relevant sind. Wir haben bewusst die Dokumente, die die Spezifikation von Profilen (Teil 1-5) und Evaluierungsmethodiken (Teile 6-1 und 6-2) ausgelassen. In den Anhängen wird ein Überblick über Inhalt und Stand der relevanten Dokumente der Serie zum Zeitpunkt der Publikation[1] dieses Buchs gegeben.

In dem ersten Abschnitt werden übergeordnete Konzepte, Terminologien und Methoden im Teil 1-1 gegeben. Obwohl sich die Cybersecurity prinzipiell nicht messen lässt, sollen im geplanten Teil 1-3 mögliche Leistungskennzahlen zur Bewertung der Güte der Cybersecurity definiert werden. Der geplante Teil 1-4 soll Anwendungsfälle zur Unterstützung für die Cybersecurity entlang des IACS-Lebenszyklus beschreiben.

Der zweite Abschnitt spezifiziert Anforderungen an organisatorische Securitymaßnahmen und Prozesse, die als Bestandteil eines Defense-in-Depth-Konzepts für IACS relevant sind. Teil 2-1 richtet sich an die verantwortlichen Organisationen für Betrieb und Wartung des IACS (Rolle AO) und spezifiziert Anforderungen an das Security-Programm (SP) des Betreibers. Teil 2-2 erklärt die Anwendung der wesentlichen Teile der IEC 62443-Serie für die Entwicklung und Betrieb eines ganzheitlichen Schutzschemas für IACS in Betrieb, die Zusammenarbeit der Rollen und die Bewertung des Schutzes anhand von Leistungskennzahlen für die Stärke des Schutzschemas, der sogenannten „Security Protection Ratings, SPR“. Der Autor dieses Buchs hat die Konzepte und Inhalte dieses Teils maßgeblich mitbestimmt, in diesem Buch wird ausführlicher darauf eingegangen. Teil 2-3 beschreibt Empfehlungen für die Qualifikation und das Einspielen von Patches in einer Anlage in Betrieb. Teil 2-4 spezifiziert Anforderungen an die Dienstleister für Integration und Wartung (Rollen SI und MS) bei der Erstellung von Securitymaßnahmen in Automatisierungslösungen. Der geplante Teil 2-5 soll Empfehlungen für Implementierung der Anforderung an das Security-Programm des Betreibers gemäß Teil 2-1 geben.

Der dritte Abschnitt fokussiert auf die Cybersecurity von Systemen. Teil 3-1 ist ein technischer Bericht über aktuelle Schutztechniken gegen Cyberangriffe. Teil 3-2 beschreibt Methoden und Mittel, um die Automatisierungslösung in Zellen und Kommunikationskanälen, (*zones and „conduits*“), zu strukturieren. In Anlehnung an die deutsche Übersetzung der DKE werden wir im Weiteren die deutschen Begriffe „die Zone“ und „das Conduit“ verwenden. Die Segmentierung des Kommunikationsnetzwerks ist eine wichtige Maßnahme zum Schutz gegen Cyberangriffe, um die Auswirkungen innerhalb der Automatisierungslösung einzuschränken. Sie muss in enger Zusammenarbeit zwischen Betreiber und Systemintegrator festgelegt werden. Auf Basis einer Risikoanalyse legt man ein gewünschtes Level der Securitymaßnahmen je Zone und Conduit fest. Teil 3-3 spezifiziert Anforderungen an die Securityfunktionen von Leitsystemen. Angesprochen sind vorwiegend die Produkthersteller solcher Produkte, deren Beitrag für die Security-Fähigkeiten der Automatisierungslösungen unerlässlich ist. Die Anforderungen des Teils 3-3 sind nicht nur für Fähigkeiten von Leitsystemen relevant, sondern sind auch als System-Securityanforderungen an das IACS und die Fähigkeiten der Automatisierungslösun-

[1] 2024

gen anzuwenden. Insofern adressiert Teil 3-3 auch sowohl Betreiber als auch Dienstleister für Integration und Wartung.

Der vierte Abschnitt richtet sich an die Produkthersteller von in Automatisierungslösungen eingesetzten Komponenten. Allgemein gilt, dass Cybersecurity ein integraler Bestandteil des Entwicklungsprozesses sein sollte. Teil 4-1 spezifiziert Anforderungen an die Cybersecurity entlang des Produktlebenszyklus. Adressiert werden die klassischen Entwicklungsphasen Spezifikation, Design, Implementierung, Test und Validierung, sowie darüber hinaus die betriebsbegleitende Unterstützung während der Vermarktung. Damit soll möglichst das Entstehen von Angriffsmöglichkeiten vermieden und Maßnahmen zur Stärkung ihrer Robustheit gegen Cyber-Bedrohungen vorgenommen werden. Teil 4-2 spezifiziert Anforderungen an Security-Fähigkeiten von Komponenten. Dabei werden vier Komponenten-Klassen unterschieden:

- eingebettete Geräte (*Embedded Devices*), z. B. Steuerungen,
- Host-Geräte (*Host Devices*), z. B. PC-basierte Stationen,
- Netzwerkkomponenten (*Network Devices*), z. B. Firewalls oder Gateways und
- Software-Produkte (*Software Applications*).

Dieses Buch basiert auf die Beschreibungen der IEC 62443-2-2. Die relevanten Dokumente für die Implementierung von ganzheitlichen Schutzschemata sind die folgende:

- **IEC 62443-2-1, Security program requirements for asset owners [5]:**

  Das Dokument spezifiziert Anforderungen an das Security-Programm des Betreibers. Die Edition 2 wurde im Juli 2024 veröffentlicht. Es wird vorausgesetzt und im Dokument gefordert, dass der Betreiber ein Informationssicherheits-Managementsystem (*Information Security Management System, ISMS*) umsetzt. Die Anforderungen sind als spezifische Anforderungen für das industrielle Umfeld zu verstehen und sind im Zusammenspiel mit dem ISMS zu erfüllen. In diesem Buch wird als Basis für das ISMS die Norm ISO/IEC 27001 [1] und ISO/IEC 27002 [2] genommen, die im Office-Bereich seit Jahren weitgehend angewendet wird.

- **IEC 62443-2-4, Requirements for IACS solution suppliers [8]:**

  Das Dokument spezifiziert die Anforderungen an die Prozesse von Systemintegratoren und Wartungsdienstleistern. Das Dokument wurde 2015 als internationale Norm veröffentlicht, Edition 2 wurde im Jahr 2023 veröffentlicht.

- **IEC 62443-3-2, Security risk assessment and system design [10]:**

  Spezifiziert Prozessschritte für eine Risiko-basierte Aufteilung in Zonen und Conduits und die Entwicklung von Securitymaßnahmen je Zone und Conduit. Das Dokument wurde im Jahr 2020 als internationaler Standard veröffentlicht.

- **IEC 63443-3-3, System security requirements and security levels [11]:**

  Das Dokument spezifiziert funktionalen Anforderungen an Automatisierungssysteme. Die Anforderungen richten sich sowohl an Produktherstellern von Leitsystemen als auch an die anderen Rollen. Das Dokument wurde im Jahr 2013 als internationale Norm veröffentlicht. Die Edition 2 ist in Arbeit.

- **IEC 62443-4-1, Secure product development lifecycle requirements [12]:**

  Das Dokument spezifiziert Anforderungen, um im Produktlebenszyklus des Produktherstellers Cybersecurity zu integrieren. Das Dokument wurde 2018 als internationale Norm veröffentlicht.

- **IEC 62443-4-2, Technical security requirements for IACS components [13]:**
  Das Dokument spezifiziert Anforderungen an die Securityfunktionen von Komponenten. Das Dokument wurde 2019 als internationale Norm veröffentlicht.

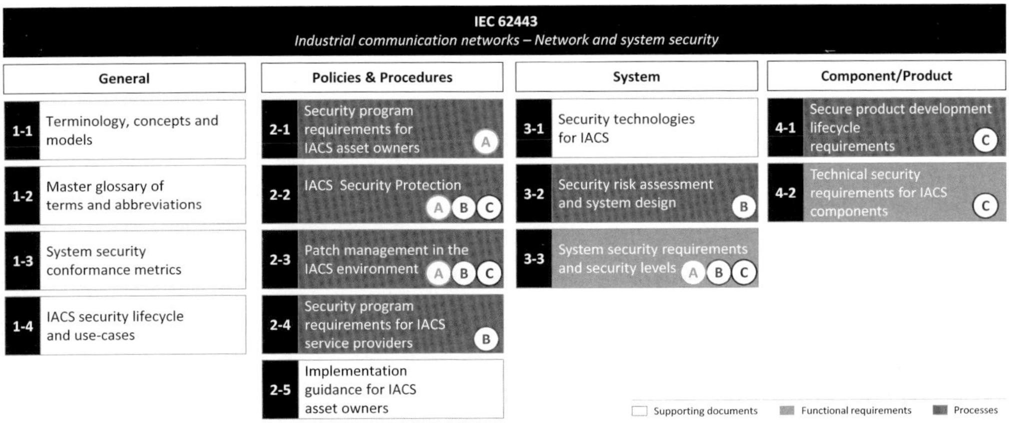

Bild 4.1 Struktur der IEC 62443

In Bild 4.1 gibt eine erste Orientierung der Zuordnung der Dokumente entsprechend ihrer Hauptrelevanz für die Basisrollen:

- Gruppe C: Teile 3-3, 4-1, 4-2, 2-2 und 2-3
  Ist hauptsächlich für Produkthersteller zur Entwicklung und Support der Produkte relevant.
- Gruppe B: Teile 2-4, 3-2, 3-3, 2-2 und 2-3
  Ist hauptsächlich an Systemintegratoren und Wartungsdienstleistern für das Design und die Wartung von Securitymaßnahmen in Automatisierungslösungen gerichtet.
- Gruppe A: Teile 2-1, 3-3, 2-2 und 2-3
  Ist hauptsächlich für Betreiber relevant, die Security-Programme implementieren und sicherstellen, dass ganzheitliche Schutzschemata erstellt und betrieben werden.

5 Konzepte der IEC 62443

Die Norm IEC 62443 basiert auf einigen übergeordneten Grundkonzepten. In der ersten Edition des Teils IEC 62443-1-1 [3], der 2010 veröffentlicht wurde, sind einige dieser Konzepte beschrieben. Eine Aktualisierung des Dokuments ist in Arbeit, dass die folgenden Konzepte detaillierter beschreiben wird.

5.1 Tiefgestaffelte Verteidigung (Defense-in-Depth)

Defense in Depth – dieses wichtige Konzept basiert auf der Erkenntnis, dass beim Schutz der industriellen Anlagen gegen Cyberangriffe der Beitrag aller Protagonisten erforderlich ist: Betreiber, Systemintegratoren, Wartungsdienstleister sowie Produkthersteller. Eine einzige Maßnahme ist im Allgemein nicht ausreichend, um einen angemessenen Schutz zu erreichen. Vielmehr müssen mehrere, untereinander abgestimmte und koordinierte Securitymaßnahmen umgesetzt werden, die jeweils als Verteidigungslinien angesehen werden können. Die „*Defense in Depth*"-Strategie wird seit langem im militärischen Bereich angewendet. Schon im Mittelalter wurden die Burgen mit mehreren Verteidigungslinien ausgestattet: mit Festungsgraben, Zugbrücke, Außenmauer, Innenmauer, Bergfried und zuletzt der gepanzerten Tür am Zimmer des Feudalherrn. Überwindet der Angreifer eine Hürde, so steht ihm die nächste Verteidigungslinie entgegen. Die verschiedenen Bestandteile der Norm IEC 62443 unterstützen die Auslegung einer Defense-in-Depth-Strategie zum Schutz gegen Cyberangriffe.

Wenn man sich die Verteidigungslinien als Schalenmodell vorstellt, dann sind die äußeren Schichten beim Betreiber zu finden und werden von dem Dokument IEC 62443-2-1 [5] adressiert. Sie bestehen weitgehend aus organisatorischen und aus Objektsicherungsmaßnahmen. Eine Grundvoraussetzung jedes Schutzkonzepts beginnt mit der Sensibilisierung der Mitarbeiter für die Gefahren von Cyberangriffen. Die Norm fordert definierte Richtlinien und Prozesse zum Betrieb der Automatisierungslösung aber auch Kompetenzaufbau durch Informationsveranstaltungen oder Schulungen und klare Verantwortlichkeitsstrukturen in der Organisation. Zum Beispiel ist es sehr wichtig, die Zugriffsrechte aller Nutzer der Automatisierungslösung zu definieren und auf das minimal Notwendige einzugrenzen. Zu nennen ist auch, im Voraus Maßnahmen festzulegen, um das Aufrechterhalten des Betriebs im Fall eines erfolgreichen Cyberangriffs sicherstellen sollen, (*Business Continuity Plan*). Der Betreiber muss auch dafür sorgen, dass Korrekturen (*Patches*) unter Berücksichtigung der anlagenspezifischen Betriebskonditionen eingespielt werden (siehe IEC 62443-2-3 [7]) über den Patchmanagement-Prozess.

Weitere Verteidigungslinien sind in der Verantwortung des Systemintegrators und werden von den Dokumenten IEC 62443-3-2 [10] und 3-3 [11] adressiert. Im Vordergrund steht die Auslegung von Securitymaßnahmen für die Automatisierungslösung. Beispiele sind Segmentierung des Kommunikationsnetzwerks in Firewall-geschützten Zellen oder Zugriffsschutz mit Passwörtern. Zur Unterstützung der vom Betreiber festgelegten Nutzerrollen, sollte die Automatisierungslösung so konfiguriert werden, dass ein zugelassener Nutzer nur solche Aktionen durchführen kann, die für seine Aufgabe notwendig sind (*least privilege*). Solche Maßnahmen werden in der Regel bei der Auslegung der Automatisierungslösung durch den Systemintegrator umgesetzt. Zu erwähnen ist auch, dass die Prozesse des Integrators möglichst darauf ausgelegt werden sollten, dass während des Designs der Automatisierungslösung nicht zusätzliche Angriffsmöglichkeiten geschaffen werden. Dazu gehört z. B. das gezielte Deaktivieren aller temporären Accounts, der Schutz der System- und Default-Accounts durch strenge Passwörter oder die systematische Aktualisierung aller Daten der Anti-Malware Maßnahmen. IEC 62443-2-4 [8] beinhaltet jeweilige Anforderungen zu diesen Aktivitäten.

Die inneren Verteidigungslinien werden durch Security-Fähigkeiten der Geräte und Komponenten der Automatisierungslösung bzw. der Maschine realisiert. Sie liegen in der Verantwortung der Produkthersteller und werden durch die Dokumente IEC 62443-3-3 [11] und -4-2 [13] adressiert. Zum Beispiel werden Virenscanner oder weiße Listen (*White Listing*) zum Schutz gegen Malware eingesetzt. Schutz gegen Manipulation bieten Verschlüsselung, Hash-Techniken oder auch signierte Firmware-Downloads. Angriffe zum Herausfinden der Passwörter, (*password guessing*), werden durch Verzögerungen zwischen nacheinander folgenden Anmeldeversuchen abgewehrt. Ein stringenter Entwicklungsprozess nach den Anforderungen der IEC 62443-4-1 [12] unterstützt die Vermeidung möglicher Angriffsmöglichkeiten.

Zusammenfassend, alle Protagonisten müssen zur Realisierung einer effizienten tiefgestaffelten Verteidigungsstrategie beitragen:

- Die Produkthersteller müssen Komponenten mit adäquaten Securityfunktionen entwickeln, um die Auslegung der Securitymaßnahmen der Automatisierungslösung zu unterstützen. Der Entwicklungsprozess muss möglichst die Entstehung von Angriffsmöglichkeiten während der Entwicklungstätigkeiten vermeiden.
- Der Systemintegrator muss die Fähigkeiten der Komponenten und System nutzen, um möglichst sichere Automatisierungslösungen auszulegen. Durch Verfolgung von strikten Prozessen sollen die Entstehung weiteren Angriffsmöglichkeiten in den Automatisierungslösungen möglichst vermieden werden.
- Der Betreiber muss ein Security-Programm aufstellen, mit dem Zweck der Reduzierung der Cyberrisiken des IACS während des Betriebs. Ein wesentlicher Bestandteil dabei ist eine kontinuierliche Analyse der Cyberrisiken und die Erstellung eines Plans zur Aufrechterhaltung des Betriebs.

Folgende Beispiele verdeutlichen Angriffsmöglichkeiten, die von den jeweiligen Protagonisten im Bereich der Nutzerverwaltung und Zugriffssteuerung (*User Management and Access Control, UMAC*) generiert werden können. In den Produkten findet man oft noch fest codierte Passwörter. Gelingt es einem Angreifer, den Code auszulesen und zu analysieren, wird es für ihn ein Leichtes sein, solche Passwörter ausfindig zu machen. Dafür sind im Internet zuhauf Werkzeuge verfügbar. Eine andere typische Angriffsmöglichkeit ist die Möglichkeit, Privilegien zu erhöhen und sich z. B. durch Überwinden der Nutzerverwaltung als Administrator anzumelden. Damit stehen dem Angreifer alle Mittel zum Missbrauch zur Verfügung. Die Produkthersteller können solche Angriffsmöglichkeiten durch klare Regeln für die Programmerstellung im Entwicklungsprozess vermeiden.

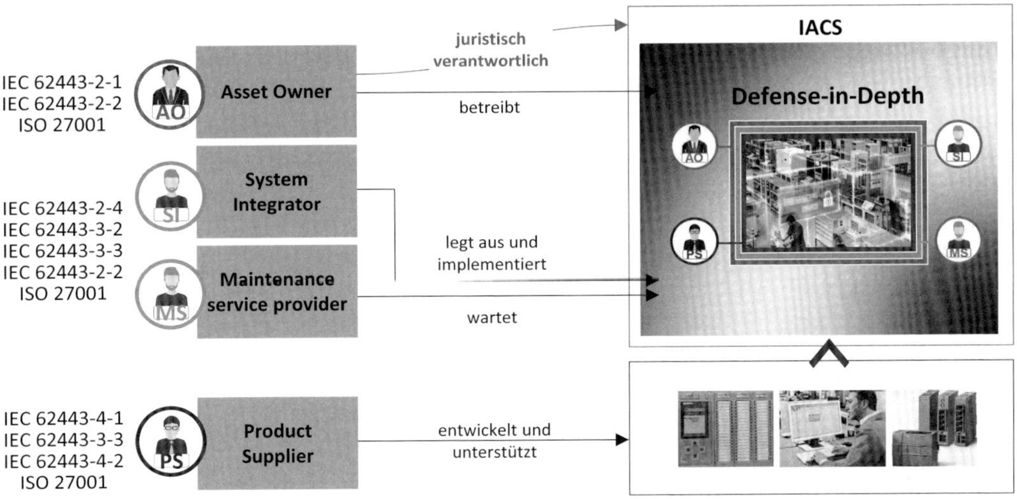

Bild 5.1 Tiefgestaffelte Verteidigung (Defense-in-Depth)

In der Verantwortung des Integrators liegt der Schutz der bei der Werksauslieferung vorhandenen System- und Default-Accounts durch Ändern der Default-Passwörter. Während der Auslegung der Automatisierungslösung werden in der Regel temporäre Accounts angelegt, die hohe Privilegien besitzen und durch schwache Passwörter geschützt sind. Während der Designphase möchte der Entwickler nicht aufwendig bei jedem Einloggen ein langes, komplexes Passwort eingeben müssen. Eine häufig anzutreffende Angriffsmöglichkeit ist, dass diese Accounts vor der Übergabe der Lösung an den Betreiber nicht gelöscht wurden. Man kann sich vorstellen, was ein Angreifer dadurch anrichten kann. Durch entsprechende Vorgaben in den Prozessen des Integrators können solche Angriffsmöglichkeiten leicht vermieden werden.

Schließlich muss der Betreiber die Namen der Personen, die den definierten Nutzerrollen zugewiesen sind, während der Betriebsphase pflegen. Da diese oft viele Jahre dauert, ist die Verantwortung des Betreibers besonders groß. Wenn beispielsweise ein Administrator die Firma verlässt, ist es von eminenter Wichtigkeit, dessen Account zu löschen. Möchte diese Person der Firma schaden, wären die Verteidigungsmöglichkeiten sehr eingeschränkt. Eine andere wichtige Aufgabe des Betreibers ist, dafür zu sorgen, dass die Passwörter vertraulich behandelt werden und regelmäßig geändert werden. Hier sind die Richtlinien und Prozesse für den Betrieb und die Wartung gefragt.

Aus dem genannten Beispiel wird ersichtlich, dass jeder Protagonist seinen Teil der Securitymaßnahmen umsetzen muss, um einen gewissen Schutz zu erreichen. Eine Schwachstelle reicht aus, um die gesamte Kette zu schwächen und die Anlage anfällig zu machen.

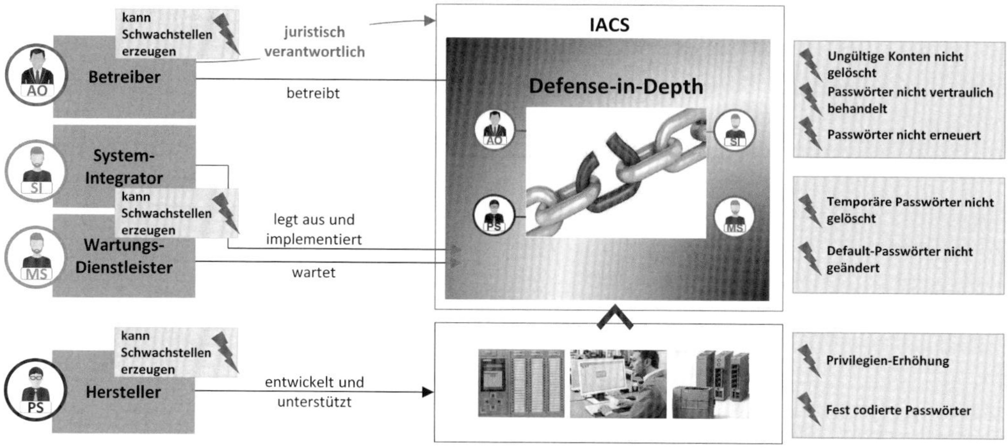

Bild 5.2 Jeder Protagonist kann Angriffsmöglichkeiten erzeugen; das schwächste Glied definiert die Stärke der Kette.

5.2 Die Norm IEC 62443 in Produkt- und IACS-Lebenszyklen

Obwohl einige Produkte für ein spezifisches Projekt entwickelt wurden, hat in der Regel der Produkthersteller das Ziel, einen gegebenen Zielmarkt mit Produkten und Systemen für eine möglichst breite Palette von Anwendungen zu bedienen. Die Produktlebenszyklen sind daher unabhängig von dem Lebenszyklus einer bestimmten Anlage.

Einsatz der Norm in Produktlebenszyklen

Typischerweise kann man den Produktlebenszyklus in die Phasen Spezifikation, Design / Entwicklung, Vermarktung / Pflege und Ausphasen gliedern. Welche Bestandteile der Norm IEC 62443 können den Produkthersteller dabei unterstützen?

Um möglichst die Erzeugung von Angriffsmöglichkeiten während der Entstehung des Produkts zu vermeiden, sollte der Produkthersteller einen stringenten Entwicklungsprozess einhalten, der in allen Phasen die Security als nichtfunktionale Anforderungen integriert. In der Norm IEC 62443 wurde dies IEC 62443-4-1 [12] behandelt. Das Dokument deckt den gesamten Entwicklungsprozess ab, von der Spezifikation bis zur Testphase. Darüber hinaus werden Anforderungen an der Behandlung von eventuellen Angriffsmöglichkeiten spezifiziert, die während der Vermarktung auftreten könnten.

Die Anforderungen an Securityfunktionen von Produkten befinden sich in den Dokumenten IEC 62443-3-3 [11] und IEC 62443-4-2 [13]. Der Produkthersteller sollte in seinen Produkten die Securityfunktionen integrieren, die zur Unterstützung der allgemeinen Anforderungen des Zielmarkts benötigt werden. Die Securityfunktionen werden vom Systemintegrator in der Automatisierungslösung eingesetzt und entsprechend den Projektanforderungen konfiguriert. Ggf. müssen zusätzliche Securitymaßnahmen und Produkte hinzugefügt werden, um den gewünschten Schutz-Level zu erreichen. Der Teil IEC 62443-3-3 spezifiziert die Anforderungen an ein Leitsystem. Im Teil IEC 62443-4-2 werden die daraus abgeleiteten Anforderungen an spezifische Komponenten eines Systems beschrieben.

Beim Thema Updates und Patches kann der Produkthersteller weitere Unterstützung in dem Teil IEC 62443-2-3 [7] finden. Das Dokument gibt Handlungsempfehlungen für einen abgestimmten Prozess zwischen den beteiligten Protagonisten, um eine Aktualisierung der Softwarekomponenten durch Patches möglichst effizient zu gestalten. Das Beispiel eines Security-Patches eines Betriebssystems verdeutlicht die Abhängigkeiten der Prozesse der Hauptprotagonisten. Der Produkthersteller von Applikationssoftware, die unter dem Betriebssystem abläuft, muss prüfen, ob die Funktionen nach wie vor fehlerfrei unter dem aktualisierten Betriebssystem laufen. Ggf. müssen mehrere Versionen der Applikationssoftware geprüft werden. Diese Kompatibilitätsinformation ist Bestandteil der kontinuierlichen Unterstützung, die vom Produkthersteller gemäß IEC 62443-4-1 [12] gefordert wird. Der Systemintegrator muss die Aussage treffen, ob der Security-Patch für die Automatisierungslösung relevant ist und Vorgaben für das Einspielen des Patches geben. Oft kann dies der Betreiber selbst anhand der vom Systemintegrator gelieferten Dokumentation durchführen. Schließlich muss der Betreiber den Zeitpunkt und das Vorgehen für das Einspielen des Patches festlegen, in Abhängigkeit von den Bedingungen seines Betriebs. Dies kann z. B. während der nächsten planmäßigen Wartung erfolgen. Das Dokument schlägt auch eine Struktur zur Identifikation und Beschreibung der Patches vor.

Hilfreich kann auch für den Produkthersteller der Teil IEC 62443-3-1 [9] sein. Er beinhaltet eine Auflistung der Securitymaßnahmen nach aktuellem Stand der Technik, die nach Einsatzbereich und Effizienz bewertet werden.

Einsatz der Norm in den IACS-Lebenszyklen

Ähnlich wie beim Produktlebenszyklus kann der IACS-Lebenszyklus in die Phasen Spezifikation, Integration / Inbetriebnahme, Betrieb / Wartung und Dekommissionierung aufgeteilt werden. Im Gegensatz zum Produktlebenszyklus unterscheiden sich die Hauptverantwortlichen für die Durchführung von Phase zu Phase.

Der Autor dieses Buchs ist Leiter des Standardisierungsgremiums, das zuständig für die Entwicklung des Dokuments IEC 62443-2-2 [6] ist. Das Dokument definiert die Aktivitäten, die von den im Abschnitt 3 beschriebenen Rollen entlang der Phasen des IACS-Lebenszyklus durchzuführen sind mit dem Ziel, ein Schutzschema zu entwickeln, betreiben und aufrechtzuhalten. Das Dokument weist darauf hin, welche Teile der IEC 62443-Serie zur Unterstützung der Aktivitäten herangezogen werden sollten. Des Weiteren wird mit den sog. *„Security Protection Ratings"* (SPR) ein Verfahren vorgeschlagen, um die Securitymaßnahmen des Schutzschemas bezüglich ihrer Stärke und Wirksamkeit zu bewerten. Weitere Abschnitte dieses Buch gehen in die Konzepte und Inhalte von IEC 62443-2-2 [6] ein.

In der ersten Phase des IACS-Lebenszyklus werden die Schutzziele festgelegt. Hier ist der Betreiber gefragt. Es wird ein Cybersecurity-Pflichtenheft (*Cybersecurity Requirement Specification, CRS*) erstellt, um die Risiken auf ein tolerables Niveau unter Berücksichtigung geschäftlicher und operativer Einsatzbedingungen zu reduzieren. Dies beinhaltet z. B. die Kosten-, Qualitäts- und Durchsatzziele, die übergeordnete IT-Sicherheits-Richtlinie oder die physische Umgebung des IACS. Das Dokument IEC 62443-2-1 [5] gibt den Leitfaden, um die verschiedenen Themen der Security zu berücksichtigen. Ein wesentlicher Bestandteil des Lastenhefts ist die Vorgabe der Schutzziele als Zusammensetzung der gewünschten System-Securityanforderungen. Maßgebend dabei ist die Kritikalität des IACS für das Geschäft des Betreibers oder der Umwelt.

Die gewünschten System-Securityanforderungen sind die Basis für die Entwicklung eines Schutzschemas. Der Systemintegrator entwickelt ein Schutzkonzept in enger Zusammenarbeit mit dem Betreiber, um den geeignetsten Satz technischer und organisatorischen Securitymaßnahmen zu designen. Die technische Securitymaßnahmen sind Bestandteil der Automatisierungslösung. Der Systemintegrator erstellt Vorgaben für die organisatorischen Securitymaßnahmen, die durch den Betreiber während des Betriebs umzusetzen sind. Durch die Vorgaben erfüllt der Systemintegrator seiner juristisch vorgeschriebenen Informationspflicht. Das Dokument IEC 62443-2-4 [8] definiert Anforderungen an die Prozesse des Dienstleisters. Der Systemintegrator sollte nach den Prozessschritten der IEC 62443-3-2 [10] vorgehen, um das System in Zonen und Conduits zu unterteilen, und für jede Zone technische Securitymaßnahmen zur Erfüllung der System-Securityanforderungen zu entwickeln, implementieren und validieren.

Der Betreiber ist der Hauptverantwortliche der Phasen Betrieb und Wartung. Bevor der Betrieb gestartet wird, müssen die organisatorischen Securitymaßnahmen in Form von Betriebsanweisungen, Prozessbeschreibungen oder Schulungsmaßnahmen dokumentiert werden. Die zuverlässige Umsetzung der organisatorischen Maßnahmen ist die Voraussetzung für den Schutz des IACS in Betrieb. IEC 62443-2-1 [5] enthält Anforderungen an das Security-Programm und fordert die Entwicklung und den Betrieb von Schutzschemata für jedes IACS des Betreibers. Eine kontinuierliche Überprüfung und ggf. ein Update der Securitymaßnahmen sind erforderlich, um das Restrisiko unter das tolerable Niveau während der gesamten Betriebsphase zu halten.

Wird das IACS verändert oder hat sich die Bedrohungslage weiterentwickelt, muss der Schutz neu bewertet werden und die Securitymaßnahmen ggf. aktualisiert werden. Die o. g. Dokumente für die Integrationsphase sind auch für das Update zugrunde zu legen. Die Aktualisierung der Securitymaßnahmen wird in der Regel durch die Rolle des Wartungs-Dienstleisters übernommen.

Schließlich muss sichergestellt werden, dass sensible Daten nach wie vor geschützt bleiben, wenn Komponenten oder ganze Teile der Automatisierungslösung außer Betrieb genommen werden. Die in Betrieb verbliebene Teile des IACS dürfen keinen zusätzlichen Bedrohungen ausgesetzt werden. IEC 62443-2-1 [5] und IEC 62443-2-4 [8] enthalten Anforderungen für ein aktives Entsorgen von Teilen, die außer Betrieb gesetzt werden. IEC 62443-4-1 [12] fordert, dass der Produkthersteller Richtlinie zu dem sicheren Entsorgen seiner Produkte zur Verfügung stellt.

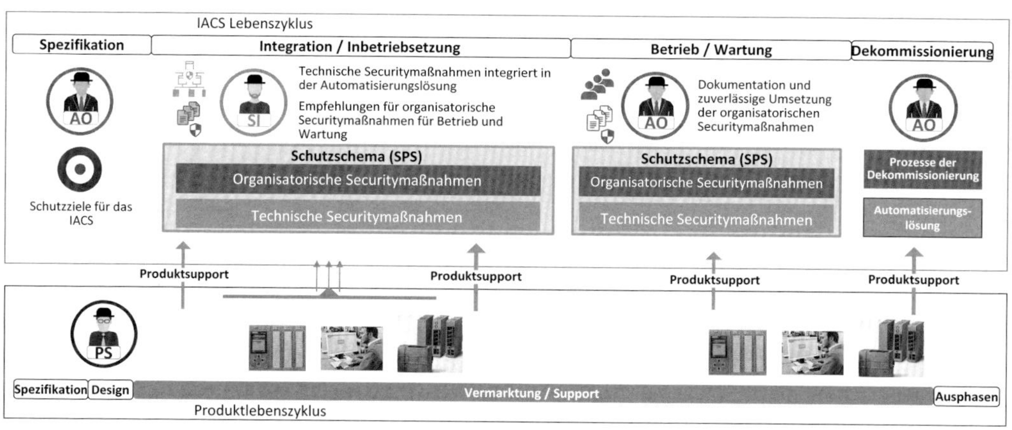

Bild 5.3 Produkt- und IACS-Lebenszyklen

5.3 Risikobewertung nach VDI/VDE 2182

Ein Grundprinzip der IEC 62443 ist die Risikobewertung, um die Auswirkung von Bedrohungsszenarien zu analysieren. Der Gegenstand der Risikoanalysen ist für jeden Protagonisten unterschiedlich. Der Produkthersteller fokussiert auf die Produkte und derer geplanten Einsatzumgebung, der Gegenstand des Integrators ist die Automatisierungslösung und der Betreiber beachtet die Auswirkung eines Missbrauchs des IACS auf sein Geschäft oder die Umwelt ab.

Die Betriebsbedingungen und die Bedrohungslage können immer wieder ändern, daher sind Risikoanalysen wiederkehrend durchzuführen, entweder periodisch oder beim Auftreten einer Änderung. Die Norm IEC 62443 setzt voraus, dass alle Protagonisten Risikoanalysen durchführen. VDI/VDE-Richtlinie 2182 [14] beschreibt die einzelnen Prozessschritte der Risikoanalysen und die wechselseitige Wirkung zwischen den Hauptprotagonisten beim Schutz von IACS. Die Richtlinie wird in der Edition 2 von IEC 62443-1-1 [3] referenziert.

Die Securitymaßnahmen ergeben sich aus der Bewertung der Bedrohungen und der Konsequenzen im Fall eines Angriffs auf die Betrachtungsgegenstände, die in der Verantwortung der jeweiligen Organisation sind. Das Vorgehensmodell ist identisch für alle Protagonisten.

Die prinzipielle Vorgehensweise gliedert sich in vier Phasen, die zyklisch wiederholt werden. In der Literatur wird diese Vorgehensweise oft als „Plan-Do-Check-Act“ oder PDCA bezeichnet.

1. Planung / Bewertung der Risiken und der möglichen Gegenmaßnahmen
2. Festlegung der Securitymaßnahmen
3. Bewertung ihrer Effizienz
4. Umsetzung der Securitymaßnahmen

Betrachtungsgegenstand kann eine Komponente, eine Automatisierungslösung oder ein IACS sein. Voraussetzung ist eine vollständige Systemdokumentation der Security-relevanten Eigenschaften des Betrachtungsgegenstands und des Anwendungsbereichs, einschließlich bestimmungsgemäßer Gebrauch, verwendete Hardware, Betriebssysteme und Firmware, Kommunikationsdienste, Applikationssoftware, Lebenszyklusaspekte sowie die Handlungsanweisungen für Engineering, Inbetriebnahme und Wartung.

Die Dokumentation des PDCA-Zyklus soll jeden Prozessschritt beschreiben. Festgehalten werden das Ergebnis des jeweiligen Schritts, das Vorgehen bei der Ergebnisfindung, die Begründung der Bewertung der einzelnen Schritte, die verwendeten Hilfsmittel, die Beteiligten an dem Prozess sowie die Liste der noch offenen Punkte.

Das Vorgehensmodell besteht aus acht Schritten, die wie in einer Kette hintereinander angereiht sind und sequenziell durchgeführt werden. Das Ergebnis eines Glieds bildet die Eingangsinformation des jeweiligen nächsten Glieds.

Schritt 1: Assets identifizieren

- Eingangsinformationen:

  Ergebnis der Strukturanalyse
- Aktionen:

  Die relevanten Assets aus der Strukturanalyse werden definiert und gegliedert. Hilfreich ist dabei, den Betrachtungsgegenstand in eine hardwareorientierte Sicht zu gliedern.

- Ergebnisse:
  Liste der identifizierten Assets

Schritt 2: Bedrohungen analysieren

- Eingangsinformationen:
  Liste der identifizierten Assets
- Aktionen:
  In diesem Schritt werden relevante Bedrohungen für jedes Asset des Betrachtungsgegenstands analysiert. Je nach Zustand des Betrachtungsgegenstands werden die Szenarien festgehalten, die für verschiedene Bedrohungen relevant sind und in einer Bedrohungsmatrix zusammengestellt.
- Ergebnisse:
  Bedrohungsmatrix

Schritt 3: relevante Schutzziele ermitteln

- Eingangsinformationen:
  Bedrohungsmatrix
- Aktionen:
  In diesem Schritt werden die für den Betrachtungsgegenstand relevanten Schutzziele festgelegt. Für jedes identifizierte Asset soll entschieden werden, welche Schutzziele relevant sind.
- Ergebnisse:
  Bedrohungsmatrix mit relevanten Schutzzielen

Schritt 4: Risiken analysieren und bewerten

- Eingangsinformationen:
  Bedrohungsmatrix mit relevanten Schutzzielen
- Aktionen:
  Die bestehenden Risiken, die sich aus Bedrohungen ergeben, werden analysiert und bewertet. Aus dem Gefahrenpotenzial und der Einfachheit des Angriffs werden die Wahrscheinlichkeiten für das Eintreten der im vorherigen Schritt identifizierten Bedrohungen bewertet. Somit werden die für den Betrachtungsgegenstand potenziellen Bedrohungen sowie der jeweils daraus resultierende Schaden abgeschätzt. Statistische Daten liegen in der Regel nicht vor, sodass die Risikobewertung meist qualitativer Art ist.
- Ergebnisse:
  Tabellarische Risikobewertungen mit relevanten Bedrohungen

Schritt 5: Securitymaßnahmen aufzeigen und Wirksamkeit bewerten

- Eingangsinformationen:
  Tabellarische Risikobewertungen mit relevanten Bedrohungen

- Aktionen:

  In diesem Schritt werden Securitymaßnahmen und deren Wirksamkeit gegen die relevanten Bedrohungen beschrieben. Passende Securitymaßnahmen werden mithilfe von Katalogen, Erfahrungen und sonstigen Dokumenten ausgewählt. Oft wird einer Bedrohung durch mehrere, verschiedene Securitymaßnahmen entgegengewirkt. Jeder empfohlenen Schutzmaßnahme werden die entsprechenden Kosten zugeordnet, um eine wirtschaftliche Bewertung der Gesamtlösung zu ermitteln.
- Ergebnisse:

  Liste von möglichen Securitymaßnahmen, deren Wirksamkeit und Kosten

Schritt 6: Securitymaßnahmen auswählen

- Eingangsinformationen:

  Liste von möglichen Securitymaßnahmen, deren Wirksamkeit und Kosten
- Aktionen:

  Aus der Vielzahl der aufgezeigten Securitymaßnahmen wird eine angemessene, wirtschaftlich sinnvolle Gesamtlösung als beste Kombination von Securitymaßnahmen ausgewählt. Dabei müssen die Ziele des Unternehmens und die Konformität mit der Unternehmenspolitik insbesondere in Bezug auf die Security berücksichtigt werden.
- Ergebnisse:

  Ausgewählte Securitymaßnahmen

Schritt 7: Securitymaßnahmen umsetzen

- Eingangsinformationen:

  Ausgewählte Securitymaßnahmen
- Aktionen:

  Die einzelnen Securitymaßnahmen sollen im Kontext der Gesamtlösung umgesetzt werden. In diesem Zug ist ein Betriebskonzept zu entwerfen, das die nachhaltige Umsetzung der Lösung gewährleistet. Ist der Betrachtungsgegenstand eine Automatisierungslösung oder ein IACS, deckt das Betriebskonzept die gesamte Betriebsphase ab. Für ein Produkt betrifft das Betriebskonzept die Vermarktungsphase.
- Ergebnisse:

  Securitymaßnahmen umgesetzt und Betriebskonzept erstellt

Schritt 8: Prozessaudit durchführen

- Eingangsinformationen:

  Alle Dokumentationen
- Aktionen:

  In den Audits wird überprüft, ob alle definierten Securitymaßnahmen zur Erreichung der festgelegten Schutzziele sowie zum Schutz gegen die relevanten Bedrohungen ausreichend sind und erfolgreich implementiert wurden. Die Audits sind durch Personen durchzuführen, die nicht im Prozess beteiligt waren.

- Ergebnisse:
  Auditbericht

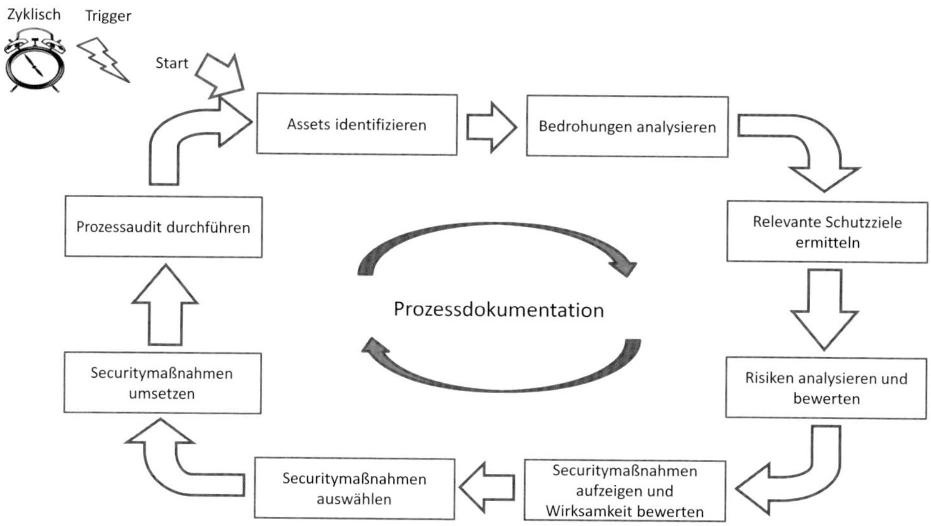

Quelle: VDI/VDE 2182-1

Bild 5.4 Prinzipielle Vorgehensweise nach VDI/VDE 2182

Das Vorgehensmodell sollte auf verschiedene Betrachtungsgegenstände beim Produkthersteller, Systemintegrator, Wartungsdienstleister oder Betreiber angewendet werden. Die Zyklen beeinflussen sich dabei gegenseitig, es sind in beiden Richtungen Informationen auszutauschen, um die jeweiligen Zyklen durchführen zu können.

In den Zyklen des Produktherstellers werden als Eingangsinformationen die Anforderungen der geplanten Zielmärkte bei der Entwicklung der Produkte herangezogen. Diese kann man als Zusammenfassung aus den Anforderungen einer Vielzahl von Projekten sehen. Aus dieser Betrachtungsweise werden sie aus Ausgangsinformationen von Zyklen der Integratoren und der Betreiber gebildet. Als Ausgangsinformation muss der Produkthersteller eine Dokumentation erstellen, die die Securityfunktionen und -eigenschaften des Produkts beinhaltet und zusätzlich alle relevanten Informationen für die Integration und Nutzung dieser Fähigkeiten in einer möglichst sicheren Automatisierungslösung. Es müssen alle Informationen vorliegen, die zur Beurteilung des Einsatzes des Automatisierungsgeräts oder -systems aus Security-Gesichtspunkten erforderlich sind, etwa die verwendeten Protokolle, Anforderungen an die umgebende IT-Infrastruktur oder die Möglichkeiten, das Produkt zu härten. Der Produkthersteller soll auch während der Lebenszeit des Produkts einen kontinuierlichen Support leisten, um die Aufrechterhaltung seines Security-Zustands zu gewährleisten, z. B. durch Bereitstellung von Updates und Patches.

Für den Systemintegrator bzw. Wartungsdienstleister besteht im Wesentlichen die Eingangsinformation für seine Zyklen aus den Securityanforderungen der Automatisierungslösung. Diese sollten vom Betreiber in der Regel als Bestandteil eines Lastenhefts festgelegt werden. Die Anforderungen sind projektspezifisch und berücksichtigen sowohl die Betriebsbedingungen als auch die umgebende IT-Infrastruktur und die IT Sicherheits-Richtlinien des Betreibers. Oft kann man Anforderungen durch mehrere Varianten von technischen und organisatorischen Securitymaßnahmen erfüllen. Die PDCA-Zyklen des Integrators müssen daher in enger Abstimmung mit dem Betreiber erfolgen, um die Gesamtlösung aus funktionalen und organisatorischen Securitymaßnahmen zu optimieren. Der Systemintegrator bzw. Wartungsdienstleister muss die Securityfunktionen und -eigenschaften der Automatisierungslösung dokumentieren und alle relevanten Informationen für einen sicheren Betrieb und zur Aufrechterhaltung des Schutz-Levels entlang des Lebenszyklus des IACS zur Verfügung stellen. Diese bilden die Eingangsinformationen für die Zyklen, die durch den Betreiber während der Betriebs- und Wartungsphasen durchgeführt werden.

Der erste PDCA-Zyklus der Betreiber findet in der Spezifikationsphase statt, um die Securityanforderungen des IACS zu definieren. Der Betreiber muss während der Betriebsphase immer wieder PDCA-Zyklen durchlaufen, um das Schutz-Level des IACS zu prüfen und aufrecht zu halten. Ein Update der Securitymaßnahmen kann erforderlich sein, wenn sich die Bedrohungslage verändert oder wenn durch operative Anforderungen die Automatisierungslösung verändert wird. Das sind typische Auslöser von PDCA-Zyklen beim Betreiber. Die Betriebsphase dauert oft viele Jahre, daher sind PDCA während dieser Phase besonders wichtig. Grundsätzlich ist der Schutz eines Betriebs nur dann gegeben, wenn der Betreiber weiter die organisatorischen Securitymaßnahmen, die in seinem Verantwortungsbereich liegen, zuverlässig umsetzt. Zum Beispiel ist es erforderlich, die Liste der zugelassenen Nutzer mit ihren Rechten und Pflichten regelmäßig zu pflegen.

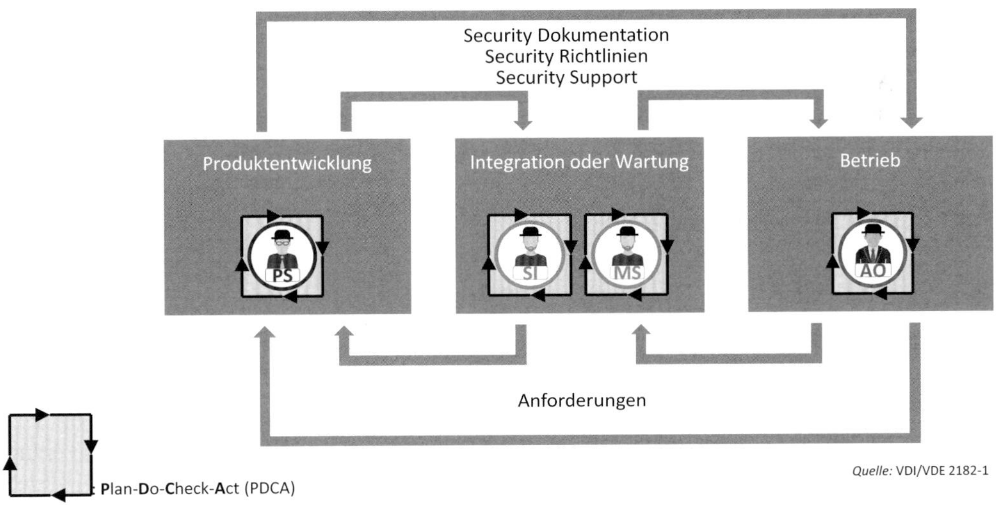

Bild 5.5 Abhängigkeiten der PDCA-Zyklen

Wie bereits erwähnt sind die PDCA-Zyklen der Produkthersteller, Integratoren und Betreiber ineinander verflochten. Wie sind die Abhängigkeiten im Rahmen der Produkt- und Analgenlebenszyklen zu verstehen?

Risikobewertungen im Produkt-Lebenszyklus

Die PDCA-Zyklen der Produkthersteller sind weitgehend von denjenigen der Systemintegratoren bzw. Wartungsdienstleistern und Betreiber entkoppelt. Die Basisinformation bilden die Marktanforderungen, die man als Synthese vieler Anlagenanforderungen zusammenfassen kann. Der erste PDCA-Zyklus sollte bereits in der Spezifikationsphase erfolgen und sich auf die Securityanforderungen des Produkts fokussieren. Die Datenströme im Produkt und deren Auswirkung auf die Funktionen des Produkts werden analysiert. Man fokussiert sich auf die Zugänglichkeit der Datenströme für einen potenziellen Angreifer und den daraus entstehenden möglichen Missbrauch. Daraus werden Gegenmaßnahmen festgelegt und priorisiert, um eine möglichst hohe Resilienz zu erreichen. Man bewertet Bedrohungsszenarien, die in der geplanten Einsatzumgebung zu erwarten sind. Weitere PDCA-Zyklen sollten in der Design- und Entwicklungsphase stattfinden, um Security-Gegenmaßnahmen zu definieren. Während der Vermarktungsphase sollte der Produkthersteller proaktiv über entdeckte Angriffsmöglichkeiten kommunizieren und diese durch Updates beheben. Wird das Produkt vom Markt genommen, sollten Dienstleister und Betreiber frühzeitig informiert werden und Ersatz oder Alternativen vorgeschlagen werden. Gefordert wird die Beschreibung der Securityfunktionen des Produkts. Darüber hinaus sollten auch Anleitungen und Leitfäden zur Verfügung gestellt werden, die die möglichst sicherere Integration des Produkts in eine Automatisierungslösung beschreiben. Letztendlich muss der Produkthersteller die Bereitstellung von Updates und Patches sicherstellen.

Risikobewertungen im IACS-Lebenszyklus

In der Spezifikationsphase des IACS-Lebenszyklus haben die PDCA-Zyklen des Betreibers das Ziel, die Schutzziele auf Basis des tolerablen Restrisikos zu definieren. Für die Auslegung der Automatisierungslösung ist es besonders wichtig, dass das gewünschte Schutz-Level für das IACS festgelegt wird. Dieses leitet sich aus der Kritikalität des IACS für das Geschäft des Betreibers ab. Daraus sollte der Betreiber Vorgaben für die Auslegung der Securitymaßnahmen spezifizieren, unter Berücksichtigung der Einsatzbedingungen, z. B. Zugangsbeschränkung.

Der Systemintegrator bzw. Wartungsdienstleister wird die funktionalen Fähigkeiten der Automatisierungslösung in Fokus haben und seine PDCA-Zyklen durchführen mit dem Ziel, in enger Abstimmung mit dem Betreiber das Schutzkonzept zur Erfüllung der vorgegebenen Schutzziele festzulegen. Das Schutzkonzept besteht in der Regel aus einem Bündel abgestimmter technischer und organisatorischer Securitymaßnahmen im Rahmen einer Defense-in-Depth-Strategie. Der Systemintegrator bzw. Wartungsdienstleister muss die Securityfunktionen der Automatisierungslösung dokumentieren und alle Betriebsanleitungen und Prozesse erstellen, die benötigt werden, um:

- die Automatisierungslösung sicher im Rahmen der Spezifikation zu betreiben, zu warten und abzubauen,
- regelmäßige Prüfungen der Wirkung der Securitymaßnahmen durchzuführen und
- ggf. die Aktualisierung der Securitymaßnahmen bei Veränderungen zu bewirken.

Während der gesamten Betriebs- und Wartungsphase sollten PDCA-Zyklen im Rahmen von regelmäßigen Audits oder beim Entdecken von neuen Angriffsmöglichkeiten durchgeführt werden, um sicherzustellen, dass die gewünschten Schutzziele stets durch die funktionalen und organisatorischen Securitymaßnahmen erreicht werden. Die Produkthersteller müssen den Betreiber zeitnah über entdeckte Angriffsmöglichkeiten und über Abhilfen, z. B. durch Bereitstellung eines Patches informieren. Oft ist die Unterstützung des Systemintegrators bzw. Wartungsdienstleisters notwendig, um die Relevanz der gemeldeten Angriffsmöglichkeit und des Patches für die Automatisierungslösung zu ermitteln. Auch Änderungen der Bedrohungslage, die zu einer Schwächung des Schutzes des IACS führen könnten, sollten beobachtet werden und Maßnahmen zur Behebung oder Umgehung der Schwächung sollten vorgeschlagen werden.

Letztendlich müssen die Schutzziele der noch aktiven Teile aufrechterhalten bleiben, wenn die Automatisierungslösung abgebaut wird oder eine Komponente aus dem Betrieb genommen wird. Im Vordergrund steht die Sicherstellung der Vertraulichkeit sensitiver Information, wie Rezepte oder Passwörter, die in den Komponenten abgespeichert sind und durch einen potenziellen Angreifer ausgelesen werden können. Ein gezieltes Entsorgen solcher Informationen ist erforderlich und Anleitungen dazu müssen in der Dokumentation der Produkthersteller enthalten sein.

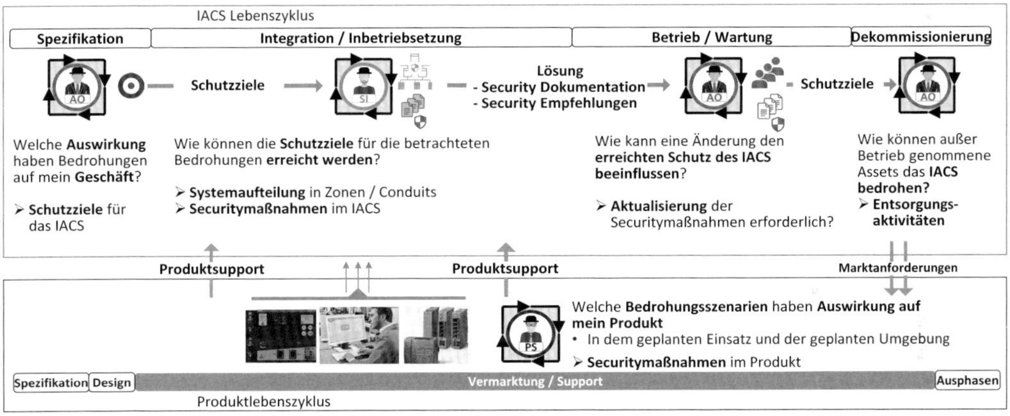

Bild 5.6 PDCA-Zyklen in Produkt- und IACS-Lebenszyklen

5.4 Security-Levels

Im Bereich der funktionalen Sicherheit (*safety*) werden die Sicherheitsanforderungen in Stufen unterteilt, die in der internationalen Normung gemäß IEC 61508 oder IEC 61511 auch als Sicherheits-Integritätslevel (SIL) bezeichnet werden. Ein Level der funktionalen Sicherheit reflektiert als Ganzzahl die Fähigkeit der Anlage oder des Geräts, Schaden für Menschen und Umwelt zu vermeiden. Der SIL-Wert basiert auf der Restfehlerwahrscheinlichkeit und kann quantitativ gemessen werden.

In Anlehnung an die funktionale Sicherheit, wurden bei der Security auch Levels definiert, um die Schutzfähigkeit gegen Bedrohungen unterschiedlicher Stärke zu differenzieren. Im Gegensatz zur funktionalen Sicherheit ist die Anzahl unterschiedlicher Themen der Cybersecurity viel größer. Konfigurationsmanagement, Nutzerverwaltung und Zugriffssteuerung, Netzwerksegmentierung, Patchmanagement, Backup und Wiederherstellung sind nur einige Beispiele davon. In den genannten Beispielen muss die Security in jedem Thema unabhängig von den anderen behandelt werden. Die Zusammenfassung des Security-Levels (*Security-Level, SL*) in einer einzigen Zahl ist daher offenbar nicht zielführend, daher werden Security-Levels in der Regel als ein Satz von Werten dargestellt.

Security-Levels wurden in IEC 62443-3-3 [11] als Fähigkeiten von Produkten oder Automatisierungslösungen gegen Cyberbedrohungen zu schützen, definiert. Potenzielle Angreifer werden bezüglich Kompetenz, Motivation und Ressourcen unterschieden. Jede System-Securityanforderung ist einem Level zugeordnet. Je höher der Level, desto stärker ist die Anforderung.

Es ist zu erwarten, dass eine Erhöhung des Security-Levels zu einer Reduzierung des Restrisikos führt. Es werden weiche Begriffe, wie z. B. „zufällig“, „ungewollt“, „einfach“, „ausgefeilt“ oder „erheblich“, verwendet. Diese Art der Differenzierung wurde bewusst gewählt, um der Tatsache Rechnung zu tragen, dass die Leistungsfähigkeit potenzieller Angreifer mit der Zeit zunimmt. Ein Angriff, der heute mit wenig Kompetenz und Mitteln durchführbar ist, kann deutlich mächtiger sein als noch vor wenigen Jahren sein. Im Laufe der Zeit können die Definitionen der Security-Levels unverändert bleiben, jedoch die Mittel und die Kompetenzen zur Überwindung der Securitymaßnahmen einfacher werden. Securitymaßnahmen, die heute einem gegebenen Security-Level entsprechen, können zukünftig ggf. für ein niedrigeres Security-Level ausreichend sein. Regelmäßige PDCA-Zyklen während der Betriebsphase sind erforderlich, um ggf. die Securitymaßnahmen anzupassen.

Die Norm IEC 62443 enthält eine allgemeine Beschreibung der Schutzfähigkeiten jedes Security-Levels. Die folgende Beschreibung variiert von den Definitionen in IEC 62443-3-3 [11], um zu berücksichtigen, dass Security-Levels lediglich Fähigkeiten von Produkten oder Lösungen betreffen, die durch Ausführung von dazugehörigen organisatorischen Maßnahmen während des Betriebs zu ergänzen sind, um den Schutz zu darzustellen:

SL 1: Fähigkeit, gegen ungewollten, zufälligen Missbrauch zu schützen

Ungewollter oder zufälliger Missbrauch entsteht oft, wenn Vorgaben und organisatorische Maßnahmen nicht eingehalten werden. Sie können durch einen Außenstehenden verursacht werden oder durch zugelassene Nutzer, die ungewollt die Anlage missbrauchen. Wenn technischen Securitymaßnahmen nicht ausreichend sind, ist eine strenge Durchsetzung von kompensierenden organisatorischen Securitymaßnahmen oft das Mittel der Wahl.

SL 2: Fähigkeit, gegen gewollten Missbrauch zu schützen, unter Verwendung von einfachen Mitteln, mit niedrigem Aufwand, allgemeinen Kompetenzen und niedriger Motivation

Einfache Mittel beschreibt, dass der Angreifer keine besonderen Kenntnisse von Security, der industriellen Umgebung oder des Zielsystems haben muss. Die Angriffsvektoren sind öffentlich bekannt und es sind oft automatisierte Werkzeuge zur Durchführung der Angriffsszenarien verfügbar. Die Angriffsszenarien sind für eine Vielzahl von Systemen möglich, der Angreifer braucht keine besonderen Kenntnisse.

SL 3: Fähigkeit, gegen gewollten Missbrauch zu schützen, unter Verwendung von technisch ausgefeilten Mitteln, mit moderatem Aufwand, automatisierungstechnisch spezifischen Kompetenzen und moderater Motivation

Ausgefeilte Mittel erfordern, dass der Angreifer ausgiebiges Wissen über Security-Technologien und das Zielsystem hat. Ein Angriffsszenario auf diesem Level wird wahrscheinlich angepasste Technologien einsetzen, vielleicht unter Ausnutzung unbekannter Angriffsmöglichkeiten in Betriebssystemen oder in industriellen Übertragungsprotokollen (*zero-day weaknesses*), und spezifische Informationen über das Zielsystem ausnützt. Der Angreifer hat eine höhere Motivation und setzt z. B. Sozialtechniken (*social engineering*) ein, um zu spezifischen Informationen zu kommen.

SL 4: Fähigkeit, gegen gewollten Missbrauch zu schützen, unter Verwendung von technisch ausgefeilten Mitteln, mit erheblichem Aufwand, automatisierungstechnisch spezifischen Kompetenzen und hoher Motivation

SL 3 und SL 4 sind ähnlich, indem ausgefeilte Mittel eingesetzt werden. Der Unterschied ist in der hohen Motivation und in den aufwendigen eingesetzten Ressourcen, z. B. mit hoch performanten Rechnern, eine hohe Anzahl von Rechnern und eine lange Zeitperiode.

Zum heutigen Zeitpunkt ist keine Methode bekannt, die Security mathematisch zu messen. Die Wirkung der Securitymaßnahmen und damit die Bewertung des Schutzes entsprechend der o. g. Definitionen können nur qualitativ erfolgen. Der Betreiber muss die spezifische Bedeutung der Begriffe „niedrig“, „mittel“ und „hoch“ definieren. Langfristig könnte man sich eine quantitative Methode vorstellen, wenn genügend statistische Daten über Bedrohungen, Risiken und Ereignisse vorliegen, um die Vergleichbarkeit zu erhöhen.

6 Security-Programm (SP) und Security Protection Scheme (SPS)

Die ISA99 hat eine Arbeitsgruppe unter der Führung des Autors dieses Buchs etabliert, um die hier vorgestellten Konzepte weiterzuführen und in dem Teil IEC 62443-2-2 [6] zu beschreiben. Dieser Abschnitt spiegelt die Auffassung des Autors zum Zeitpunkt der Publikation dieses Buchs[2] wider.

6.1 Zusammenhang zwischen Security-Programm (SP) und Security Protection Scheme (SPS)

IEC 62443-2-1 [5] spezifiziert Anforderungen an das Security-Programm (*Security Program, SP*) von IACS-Betreibern. Oft sind in Betriebsstätten mehrere IACS vorhanden, wobei jedes IACS einen physischen Prozess überwacht und steuert. Das SP der IACS-Betreiber bezieht sich auf alle technischen und organisatorischen Securitymaßnahmen für alle IACS entlang ihres jeweiligen Lebenszyklus. Das SP schließt auch die Einschränkung des physischen Zugangs zu den Assets ein.

IEC 62443-2-1 [5] fordert, dass der Betreiber ein Security-Management implementiert, um die Risiken zu adressieren. Je nach Kritikalität für das Geschäft des Betreibers, kann jedes IACS unterschiedliche Schutzziele haben. Zur Risiko-Minimierung wird für jedes IACS ein jeweiliger Satz technischer und organisatorischer Securitymaßnahmen – das Schutzschema (*Security Protection Scheme, SPS*) – zur Erfüllung der jeweiligen Schutzziele entwickelt. Ein Betreiber, der ein Security-Programm etabliert, muss sicherstellen, dass ein Schutzschema für jedes IACS entwickelt und betrieben wird. Jede der in IEC definierten Rollen muss hierfür ihren Beitrag leisten.

Der Lebenszyklus des SPS ist identisch mit dem jeweiligen IACS-Lebenszyklus. Ergänzend zu den Securitymaßnahmen in jedem IACS, schließt das SP weitere Maßnahmen zur Erfüllung von unternehmensspezifischen Anforderungen ein. Diese hängen von dem Unternehmens-Lebenszyklus ab und sind unabhängig von den jeweiligen IACS-/SPS-Lebenszyklen. Beispiele hierfür sind Vorgaben und Prozeduren für das Security-Management, die Ermittlung von Security-Kennzahlen, Prozesse zur Eskalierung, oder Statusberichte für die Unternehmensleitung.

Unternehmensspezifische Anforderungen der Betriebsstätte und Securityanforderungen jedes IACS müssen in Einklang sein. Letztere führen zu IACS-spezifischen technischen und organisatorischen Securitymaßnahmen, als Ergebnis einer Risikobewertung, unter Berücksichtigung der Kritikalität des jeweiligen IACS. Die IEC 62443 schreibt auch dem Betreiber die Verantwortung für den operativen Betrieb des IACS zu. Das Personal des Betreibers muss die organisatorischen Securitymaßnahmen zuverlässig durchführen.

---

[2] 2024

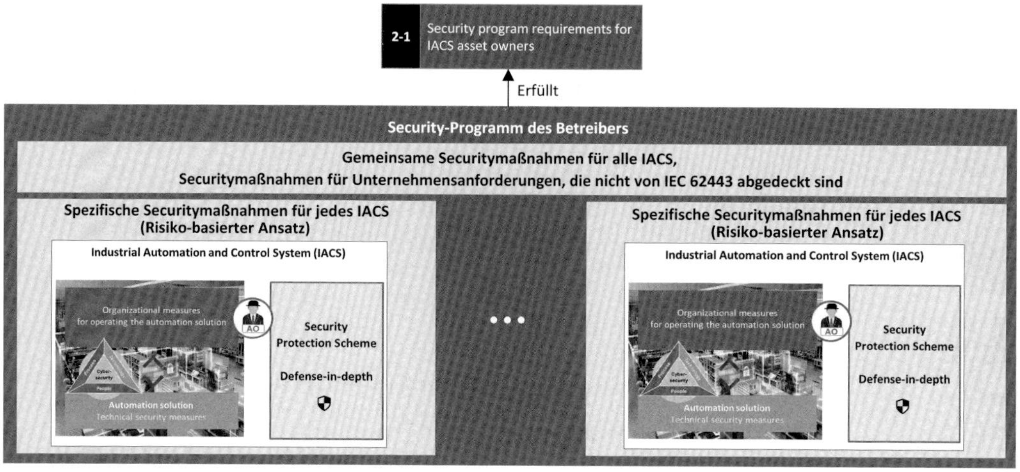

Bild 6.1 Security-Programm und Security Protection Scheme

6.2 Entwicklung und Betrieb eines Schutzschemas

Die System-Securityanforderungen der IEC 62443-3-3 bilden die Basis

Die Securitymaßnahmen des Schutzschemas (SPS) haben das Ziel, die Schutzziele während der gesamten Betriebsphase zu erfüllen. Die System-Securityanforderungen der IEC 62443-3-3 [11], einschließlich deren Zuordnung zu den Security-Levels, bilden die Basis zur Spezifikation der Schutzziele. Für Produkte werden diese Anforderungen in IEC 62443-3-3 [11] als „The control system shall provide the capability to …" formuliert.

Da die Securitymaßnahmen des SPS jedoch das IACS betreffen, werden die Schutzziele als System-Securityanforderungen definiert, die von dem IACS während des Betriebs zu erfüllen sind. Demzufolge sind für das IACS die System-Securityanforderungen als „The IACS in operation shall provide the capability to …" zu formulieren.

Zum Beispiel formuliert die IEC 62443-3-3 [11] die Basisanforderung SR 1.1 als: „The control system shall provide the capability to identify and authenticate all human users". Für die Securitymaßnahmen des SPS gilt entsprechend der Anforderung „The IACS in operation shall provide the capability to identify and authenticate all human users".

Die Security-Fähigkeiten der Automatisierungslösung sind ähnlich definiert. Es ist die Fähigkeit, System-Securityanforderungen durch die technischen Securitymaßnahmen der Automatisierungslösung erfüllen zu können. Daher ist für die Automatisierungslösung die System-Securityanforderung als „The zone of the automation solution shall provide the capability to …" zu verstehen.

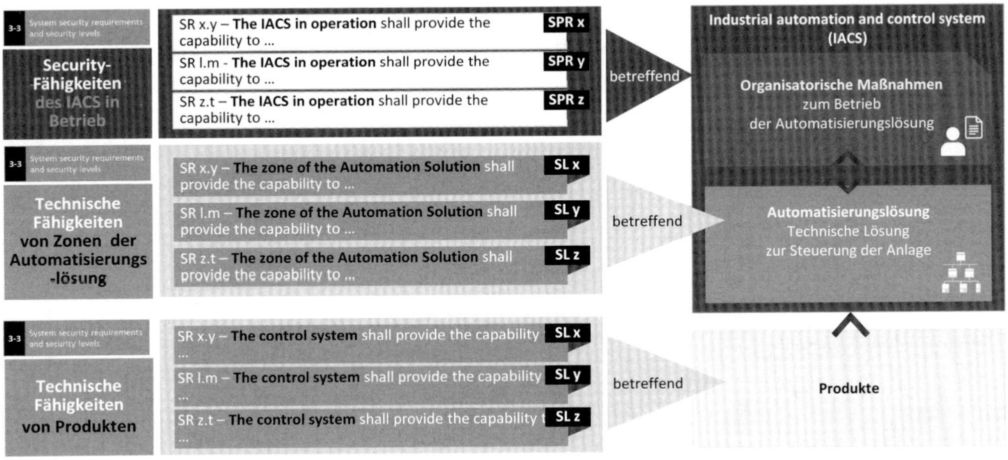

Bild 6.2 System-Securityanforderungen der IEC 62443-3-3 für Produkte, Automatisierungslösungen und IACS

Ein SPS schließt technische und organisatorische Securitymaßnahmen ein

Die Technologie-Seite des Dreiecks Technologie, Prozesse und Menschen betrifft die technischen Securitymaßnahmen, die in der Automatisierungslösung implementiert werden (z. B. eine Firewall, die die Kommunikation zwischen Netzwerksegmente kontrolliert) und Maßnahmen zum Zugangsschutz (z. B. einen abschließbaren Schaltschrank). Diese basieren auf Securityfunktionen von Produkten und schließen auch das Design der Automatisierungslösung selbst ein, wie z. B. die Netzwerk-Architektur. Kompensierende technische und/oder organisatorische Maßnahmen sind eventuell erforderlich, um die produktimmanenten Fähigkeiten zu erweitern. Die technischen Securitymaßnahmen haben das Ziel, die Erfüllung von System-Securityanforderungen zu ermöglichen.

Die Prozesse und Menschen betreffen die organisatorische Securitymaßnahmen, die durch das für den operativen Betrieb der Automatisierungslösung zuständige Personal durchzuführen sind. Die Wirkung der organisatorischen Securitymaßnahmen wird dadurch bestimmt, dass ein geschultes Personal zuverlässig agiert und dokumentierten Richtlinien und Prozessen folgt. Dies wird im Reifegrad der verantwortlichen Organisation gespiegelt.

Organisatorische und technische Securitymaßnahmen müssen aufeinander abgestimmt sein

Technische und organisatorische Securitymaßnahmen sind verbunden und müssen aufeinander abgestimmt werden. Nehmen wir das Beispiel der Identifikation und Authentisierung der Nutzer, eines der Themen eines Schutzschemas. Nur erlaubte Nutzer dürfen auf die Automatisierungslösung entsprechend ihrer Rechte zugreifen. Eine gängige Methode ist, den Zugriff mit der Eingabe von Namen und Passwort auszusteuern. In der Automatisierungslösung wird eine Technologie eingesetzt, die Nutzer anhand ihrer Namen und Passworte identifiziert und authentisiert und ihnen entsprechend ihrer Rechte den Zugang zu den erlaubten Funktionen freischaltet. Diese technische Fähigkeit wird dann zur Schutzmaßnahme, wenn eine entsprechende Passwort-Richtlinie erzeugt wird, die unter anderem minimale Länge, Komplexität, Gültigkeitsdauer,

Änderungsvorgaben oder Vertraulichkeit regelt. Die Richtlinie muss von jedem Nutzer der Automatisierungslösung zu jedem Zeitpunkt des Betriebs umgesetzt werden. Die Identifikation und Authentisierung kann auch durch stärkere Mechanismen unter Verwendung mehrerer Faktoren, z. B. einer Smartcard und einer PIN-Nummer (*Personal Identification Number*) erfolgen. Die technischen Securitymaßnahmen würden dann die Erfüllung von System-Securityanforderung ermöglichen, die einem höheren Security-Level zugeordnet sind. Die entsprechende Richtlinie müsste das Handeln der Smartcard, die Verwaltung des Schlüsselmaterial auf der Karte oder das Ändern der PIN beschreiben.

Eine System-Securityanforderung kann auch durch reine organisatorische Maßnahmen erfüllt werden. Die Zuverlässigkeit der Durchführung während der gesamten Betriebsphase ist hierfür besonders wichtig.

Schutzschema im IACS-Lebenszyklus

Die Entwicklung und Betrieb eines ganzheitlichen Schutzschemas sollte Bestandteil aller Aktivitäten entlang des IACS-Lebenszyklus sein. In IEC 62443-2-2 [6] wurde dieser Lebenszyklus detailliert und die Aktivitäten der jeweiligen Protagonisten beschrieben.

Ausgehend aus dem tolerablen Restrisiko werden die Schutzziele für die Anlage während der Betriebsphase spezifiziert. In den Design- und Implementierungsphasen werden technische Securitymaßnahmen und Vorgaben für die dazugehörigen organisatorischen Maßnahmen entwickelt, um die Schutzziele zu erfüllen. Das ist in der Regel ein iterativer Prozess, bei dem das Potenzial der Erfüllung der Schutzziele durch die Kombination der technischen und organisatorischen Securitymaßnahmen bewertet wird. Es kann dazu führen, dass die Schutzziele angepasst werden müssen, z. B. zur Optimierung des Verhältnisses zwischen Kosten und Nutzen. Produkte mit geeigneten Securityfunktionen werden ausgesucht und wenn nötig durch kompensierende technische und/oder organisatorische Securitymaßnahmen ergänzt. Weitere Iterationen können während der Implementierung erforderlich sein, die dazu führen können, dass Design oder sogar Schutzziele überarbeitet werden müssen.

Bevor der Betrieb aufgenommen wird, muss der gewünschte Schutz durch die technischen und organisatorischen Securitymaßnahmen validiert werden. Die organisatorische Securitymaßnahmen sind durch Richtlinien und Prozesse und ggf. Schulungsmaßnahmen zu dokumentieren, um die Basis für eine zuverlässige Ausführung während des Betriebs zu schaffen. Die Validierung wird oft durch einen Probelauf abgeschlossen. Der geplante Schutz wird erst dann erreicht, wenn geschultes Personal die validierten Securitymaßnahmen zuverlässig während des Betriebs umsetzt.

Eine Änderung der Bedrohungslage während der Betriebsphase sollte zu einer Überprüfung und ggf. Überarbeitung der Securitymaßnahmen führen. Auch eine regelmäßige Neu-Validierung der Wirksamkeit der Securitymaßnahmen ist sinnvoll, z. B. um regulatorische Vorgaben zu erfüllen oder als Routinemaßnahme im Rahmen einer geplanten Wartungsphase. Eine Neu-Validierung sollte auch grundsätzlich bei jeder Änderung der Automatisierungslösung durchgeführt werden. Ein Update wird durchgeführt, wenn die Securitymaßnahmen nicht mehr die Schutzziele erfüllen. Die Updateaktivitäten sind vergleichbar mit den Designaktivitäten; die Implementierungs- und Validierungsphasen müssen erneut durchlaufen werden, bevor der Betrieb wieder aufgenommen wird.

Bei der Dekommissionierung müssen sensible Information in den außer Betrieb genommenen Komponenten, zuverlässig entsorgt werden, um einen Missbrauch der restlichen Teile des IACS zu vermeiden.

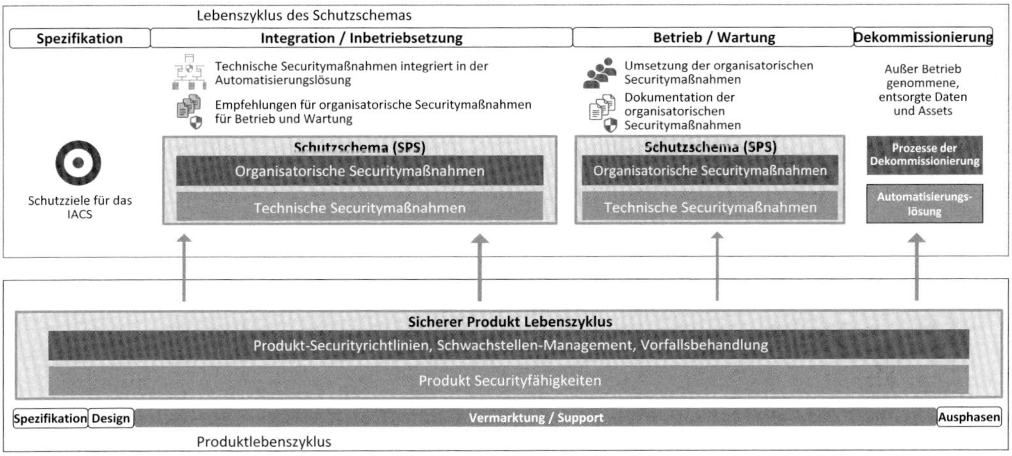

Bild 6.3 Lebenszyklus des Schutzschemas

7 Security Protection Ratings (SPR)

7.1 Definition und Methode

Security Protection Ratings unterstützen die Bewertung der Erfüllung von System-Securityanforderungen der IEC 62443-3-3 [11] während der Betriebsphase. SPR-Werte widerspiegeln den Schutz, der durch das Schutzschema zu erwarten ist. Ähnlich wie für die Security-Levels, werden SPR in Ganzzahlen zwischen 0 und 4 dargestellt. SPR-Werte stellen die Levels der System-Securityanforderungen dar, die durch die Kombination der technischen und organisatorischen Securitymaßnahmen während des Betriebs erfüllt werden können.

SPR werden auf Zonen der Automatisierungslösung angewendet

In IEC 62443-3-2 [10] werden Prozessschritte für die Aufteilung einer Automatisierungslösung in Zonen und Conduits beschrieben. Die Basis hierfür bildet das für den Betreiber tolerable Restrisiko. Ziel-Levels werden als Liste der System-Securityanforderungen, die während des Betriebs zu erfüllen sind, definiert. In IEC 62443-3-2 [10] werden diese als Ziel-Security-Levels (*Target Security Level, SL-T*) bezeichnet, sie sind jedoch als Ziel-SPR zu verstehen (*Target Security Protection Rating SPR-T*), da sie in der Regel nicht nur durch technische, sondern in Kombination mit den dazugehörigen organisatorischen Securitymaßnahmen erfüllt werden können. Zu bemerken ist, dass die gesamte Automatisierungslösung oder eine integrierte und konfigurierte Automatisierungskomponente eine Zone bilden können.

Securitymaßnahmen können spezifisch für eine bestimmte Zone sein oder für mehrere oder gar die gesamte Automatisierungslösung wirken. Diese werden in der Bewertung des SPR für alle Zonen einfließen. Zum Beispiel sind Eskalationsprozeduren oder der Betriebskontinuitätsplan in der Regel relevant für alle Zonen.

Security-Levels widerspiegeln die potenzielle Stärke des Schutzes, der durch die Securitymaßnahmen erreicht werden kann

Bei der Ermittlung der Security-Levels wird bewertet, welche System-Securityanforderungen der IEC 62443-3-3 [11] durch technischen und dazugehörigen organisatorischen Securitymaßnahmen erfüllt werden können. Die technischen Maßnahmen sind Bestandteil der Automatisierungslösung, nutzen die Securityfunktionen der eingesetzten Produkte und beinhalten in der Regel zusätzliche kompensierende technische Maßnahmen. Es wird angenommen, dass die dazugehörigen organisatorischen Securitymaßnahmen während des Betriebs zuverlässig umgesetzt werden. Insofern widerspiegeln die Security-Levels nur das Potenzial, die betrachteten System-Securityanforderungen zu erfüllen.

Die Bewertung der technischen Securitymaßnahmen als SL-Wert entspricht der Zuordnung der betrachteten System-Securityanforderung zu den Security-Levels. Für die Automatisierungslösung gilt:

SL 1: Fähigkeit der technischen Securitymaßnahmen der Automatisierungslösung gegen ungewollten, zufälligen Missbrauch zu schützen

SL 2: Fähigkeit der technischen Securitymaßnahmen der Automatisierungslösung gegen gewollten Missbrauch zu schützen, unter Verwendung von einfachen Mitteln, mit niedrigem Aufwand, allgemeinen Kompetenzen und niedriger Motivation

SL 3: Fähigkeit der technischen Securitymaßnahmen der Automatisierungslösung gegen gewollten Missbrauch zu schützen, unter Verwendung von technisch ausgefeilten Mitteln, mit moderatem Aufwand, automatisierungstechnisch spezifischen Kompetenzen und moderater Motivation

SL 4: Fähigkeit der technischen Securitymaßnahmen der Automatisierungslösung gegen gewollten Missbrauch zu schützen, unter Verwendung von technisch ausgefeilten Mitteln, mit erheblichem Aufwand, automatisierungstechnisch spezifischen Kompetenzen und hoher Motivation

Die Zuverlässigkeit der Ausführung der organisatorischen Securitymaßnahmen wird in dem Reifegrad (ML) ausgedrückt

Damit die organisatorischen Securitymaßnahmen wirken, müssen sie zuverlässig ausgeführt werden. Die Betriebsphase dauert oft viele Jahre, daher stellt diese Bedingung eine große Herausforderung dar. Der Reifegrad (*Maturity Level, ML*) ist ein Maßstab für die Zuverlässigkeit einer Organisation, die organisatorischen Securitymaßnahmen auszuführen. Es gilt für jede System-Securityanforderung, die Zuverlässigkeit der Ausführung der organisatorischen Securitymaßnahmen entsprechend der Richtlinien und Prozesse zu bewerten.

In den Dokumenten IEC 62443-2-1 [5], IEC 62443-2-4 [8] und IEC 62443-4-1 [12] wird ein Modell mit vier Maturity Levels definiert. Die Levels basieren auf das Modell des „CMMI® for Services, Version 1.3 (CMMI®-SVC)". Durch Anwenden dieser Maßstäbe, wird ersichtlich, mit welcher Zuverlässigkeit die organisatorischen Maßnahmen eines ganzheitlichen Schutzschemas ausgeführt werden. Innerhalb des Modells bildet jedes Level zunehmend eine höhere Zuverlässigkeit. Damit können Organisationen, Fortschritte in der Entwicklung ihres Reifegrads dokumentieren.

Für die Zuverlässigkeit der Ausführung der organisatorischen Securitymaßnahmen gelten folgende Definitionen:

ML 1: Die Organisation hat demonstriert, dass sie einige – in Kombination mit technischen Securitymaßnahmen – organisatorische Securitymaßnahmen ausgeführt hat. Diese werden ad-hoc ausgeführt und sind oft nicht dokumentiert.

ML 2: Die Organisation hat demonstriert, dass die organisatorischen Securitymaßnahmen beschrieben sind und zum Teil konsistent ausgeführt werden. Eine flächendeckende, zuverlässige Ausführung ist jedoch nicht sichergestellt.

ML 3: Die Organisation hat demonstriert, dass die organisatorischen Securitymaßnahmen konsistent und zuverlässig ausgeführt werden.

ML 4: Die Organisation hat demonstriert, dass nicht nur die organisatorischen Securitymaßnahmen konsistent und zuverlässig ausgeführt werden, sondern dass ihre Wirkung bewertet und kontinuierlich verbessert wird.

System-Securityanforderungen können auch durch rein organisatorische Securitymaßnahmen erfüllt werden. Diese müssen besonders zuverlässig ausgeführt werden. Der Reifegrad muss mindestens ML 3 entsprechen, um die System-Securityanforderung als erfüllt zu bewerten.

ML 0 gilt für Organisationen, die keine Security-Richtlinien und -Prozesse definiert haben. Daher wird angenommen, dass kein Schutz gegeben ist (SPR = 0), unabhängig von den technischen Security-Fähigkeiten der Automatisierungslösung.

SPR-Werte spiegeln die kombinierte Bewertung der technischen und der organisatorischen Securitymaßnahmen wider

Für jede System-Securityanforderung kann dessen Erfüllung durch die Kombination der technischen und organisatorischen Securitymaßnahmen als SPR-Wert dargestellt werden. Die Basis ist der SL-Wert, dem die System-Securityanforderung zugeordnet ist.

Schritt 1:

In einem ersten Schritt, wird bewertet, ob die technischen und organisatorischen Securitymaßnahmen das Potenzial haben, die System-Securityanforderung zu erfüllen. Der SL-Wert entspricht der Zuordnung gemäß IEC 62443-3-3 [11].

Schritt 2:

Der zweite Beitrag liefert die Bewertung der Zuverlässigkeit der Ausführung der organisatorischen Securitymaßnahmen entsprechen dem ML-Modell. Der SPR-Wert kann nicht größer als der entsprechende SL-Wert sein. Wenn eine ausreichende Zuverlässigkeit der organisatorischen Maßnahmen gegeben ist, d. h. ML ist gleich 3 oder höher, ist der SPR-Wert gleich dem SL-Wert zu setzen.

Ein typisches Verfahren für die Ermittlung der SPR-Werte ist, eine SL/ML Matrize zu verwenden.

- Der SPR-Wert ist gleich 0, wenn keine Security-Richtlinien und -Prozesse definiert sind und daher keine organisatorischen Securitymaßnahmen während des Betriebs ausgeführt werden.
- Der SPR-Wert entspricht dem SL-Wert, wenn die organisatorischen Maßnahmen zuverlässig ausgeführt werden (ML größer oder gleich 3).

Die technischen Securitymaßnahmen der Automatisierungslösung sind grundsätzlich wirksam. Im Gegensatz dazu hängt die Wirksamkeit der organisatorischen Securitymaßnahmen von der Zuverlässigkeit ihrer Ausführung durch das zuständige Personal ab. Daher können sie erst als wirksam bewertet werden, wenn sie ausreichend zuverlässig ausgeführt werden. In dem Modell der IEC 62443 ist dies bei ML 3 oder ML 4 gegeben. Daher kann bei ML-Werten unter 3 keine sichere Aussage über den SPR-Wert gemacht werden. Zahlreichen Security-Vorfälle belegen, dass eine mangelhafte Ausführung von organisatorischen Securitymaßnahmen oft das schwächste Glied der Defense-in-Depth Strategie ist.

Durch Optimierung der organisatorischen Maßnahmen (ML 4) wird die Qualität erhöht; jedoch wird der Schutz, der im SPR-Wert gespiegelt wird, dadurch nicht erhöht. Beispielsweise ermöglicht die Identifikation und Authentisierung mit Nutzernamen und Passwort die Erfüllung von System-Securityanforderungen, die auf Level 1 und 2 abgebildet sind. Die Ausführung der dazugehörigen organisatorischen Securitymaßnahmen ermöglicht einen SPR-Wert von 1 oder 2. Eine Optimierung der Betriebsprozesse würde keine Erhöhung des SPR-Werts ermöglichen, denn dieser kann maximal dem Level der zu erfüllenden System-Securityanforderung entsprechen. Um einen SPR-Wert von 3 oder 4 zu erreichen, müsste eine Identifikation und Authentisierung mit mehreren Faktoren implementiert werden.

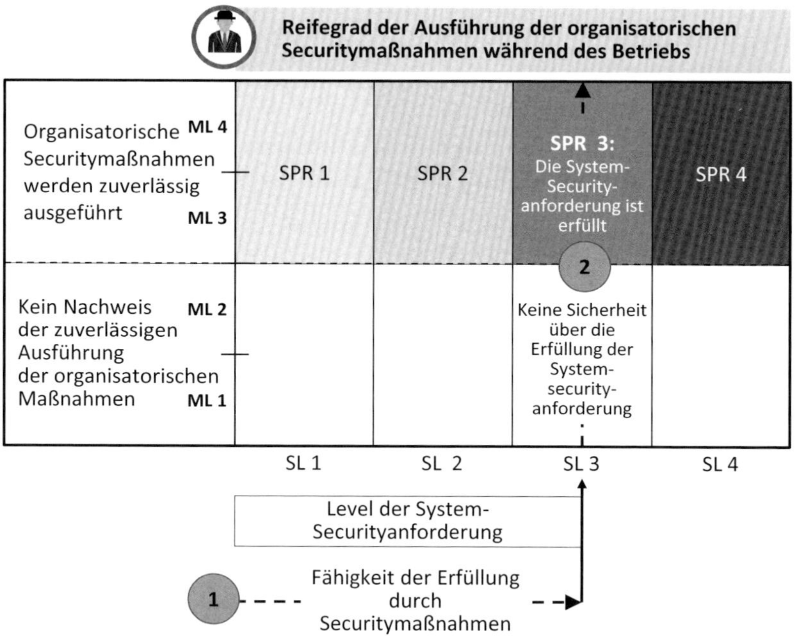

Bild 7.1 SPR-Matrize

Es ist zu bemerken, dass die Methode keine mathematische Wissenschaft ist. Sie ist gedacht, um Organisationen bei Entwicklung und Betrieb von Schutzschemata zu unterstützen.

Wenn die Ausführungszuverlässigkeit der organisatorischen Securitymaßnahmen nicht nachgewiesen ist (ML kleiner oder gleich 2), kann nicht ermittelt werden, ob die System-Securityanforderung erfüllt ist. Der SPR-Wert ist nicht definiert, was zu einem Schwelleneffekt beim Übergang vom ML 2 zu ML 3 führt. Dies kann durch einen pragmatischen Ansatz umgangen werden, um Fortschritte im Reifegrad visualisieren zu können. Die Regeln für ML-Werte unterhalb ML 3 sind die folgenden:

- Wenn überhaupt, muss der SPR-Wert kleiner oder gleich dem entsprechenden SL-Wert sein.
- Wenn überhaupt, muss für einen bestimmten SL-Wert, einem höheren ML-Wert ein höherer oder gleichbleibender SPR-Wert zugeordnet werden.

Organisationen können ihre eigenen SPR-Werte innerhalb der Regeln festlegen. Bei einem bestimmten SL-Wert sollte der SPR-Wert nicht abnehmen, wenn der Reifegrad steigt, da dieser die Zuverlässigkeit der Ausführung der organisatorischen Securitymaßnahmen widerspiegelt. Zu bemerken ist, dass beim pragmatischen Ansatz, mehrere Felder den gleichen SPR-Wert haben können. In der in Bild 7.2 gezeigten Matrize links muss z. B. klar dargestellt werden, ob der Wert SPR 2 der Kombination SL 2 / ML 3, SL 3 / ML 2 oder SL 4 / ML 1 entspricht.

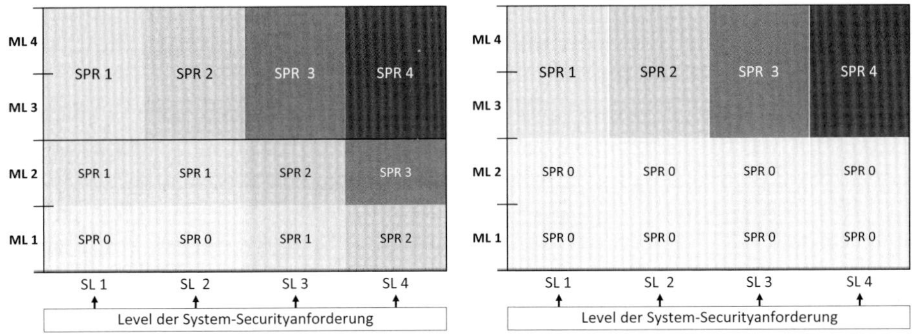

Bild 7.2 Beispiele von SPR-Matrizen, die die Regeln erfüllen

IACS werden häufig über viele Jahre betrieben, daher ist eine stetige Ausführungszuverlässigkeit der organisatorischen Securitymaßnahmen wichtig. Das Verhalten des Betriebspersonals hat beim Schutz des IACS einen großen Einfluss. Um auf das Beispiel der Identifikation und Authentisierung zurückzukommen, eine erhebliche Schwachstelle wird erzeugt, wenn ein Nutzer seine Passwörter nicht stets vertraulich behandelt. Möglicherweise hat die Organisation keine Richtlinien, die das vertrauliche Behandeln der Passwörter vorschreibt, oder es ist eine Richtlinie vorhanden, aber die Mitarbeiter befolgen diese nicht. Beides entspricht einem ML von 2 oder weniger. Das IACS wäre nur schwach geschützt, obwohl vielleicht die technischen Security-Fähigkeiten der Automatisierungslösung einen besseren Schutz ermöglichen würden.

7.2 Anwendung von SPR in der Risikoreduzierung

Risiken durch Cyberbedrohungen müssen identifiziert, priorisiert und behandelt werden. Die Ermittlung von SPR-Werten kann die Risikobewertung zum Design der Securitymaßnahmen entlang des IACS-Lebenszyklus unterstützen.

In einer ersten Bewertung eines noch zu entwickelnden oder bestehenden IACS wird das Anfangsrisiko (*initial risk*) ohne Securitymaßnahmen ermittelt. SPR kann für die Bewertung der Securitymaßnahmen als Indikator für die Risikoreduzierung verwendet werden, um das tolerable Restrisiko (*tolerable residual risk*) zu kommen. Die Anwendung von stärkeren Securitymaßnahmen (die durch einen höheren SPR-Wert dargestellt werden) reduzieren das Risiko, es besteht jedoch keine direkte Ableitung zwischen den SPR-Werten und der Höhe der Risikoreduzierung.

Zur Behandlung von Risiken werden in der Regel Risikomatrizen verwendet. Auf der einen Achse wird die Eintrittswahrscheinlichkeit und auf der anderen Achse die Auswirkung dargestellt. Organisationen haben ihre eigenen Risikomatrizen, daher ist bewusst die im Bild 7.3 dargestellte Matrix diffus gehalten, um irreführende Interpretationen zu vermeiden. Im Englischen wird zwischen „*probability*" und „*likelihood*" unterschieden. „*Probability*" kann durch statistische Methoden ermittelt werden. Dies ist für die Cybersecurity nicht möglich, daher steht der Begriff „*likelihood*" hier für die Eintrittswahrscheinlichkeit. Sie stellt eine Einschätzung der Möglichkeit dar, dass das Bedrohungsszenario erfolgreich die Securitymaßnahmen überwindet und das Betrachtungsgegenstand missbraucht. In die Bewertung fließen das Ausgesetztsein gegenüber der Bedrohung (*exposure*) und der Schwierigkeitsgrad der Durchführung des Angriffs (*exploitabilty*) mit ein. Sehr ausgesetzt zu sein, kombiniert mit einer einfachen Umsetzbarkeit bedeutet, dass die Chancen eines erfolgreichen Angriffs hoch sind. Die Bewertung der Eintrittswahrscheinlichkeit erfordert eine Expertise der zum Zeitpunkt der Bewertung vorhandenen Bedrohungslage und der bekannten Schwachstellen.

Durch Erhöhung der Securitymaßnahmen, die sich in höheren SPR-Werten spiegeln, werden das Ausgesetztsein und der Schwierigkeitsgrad der Durführung beeinflusst und die Risiken reduziert. Der erste Schritt ist die Festlegung von Zielwerten, die als ausreichend für das tolerable Restrisiko gelten. Die Securitymaßnahmen werden iterativ festgelegt und bewertet, bis das tolerable Restrisiko erreicht wird. Der graue Punkt in Bild 7.3 zeigt das Anfangsrisiko und der weiße Punkt das tolerable Restrisiko, dass durch Implementierung von Securitymaßnahmen entsprechend den Zielwerten der SPR zu erreichen ist.

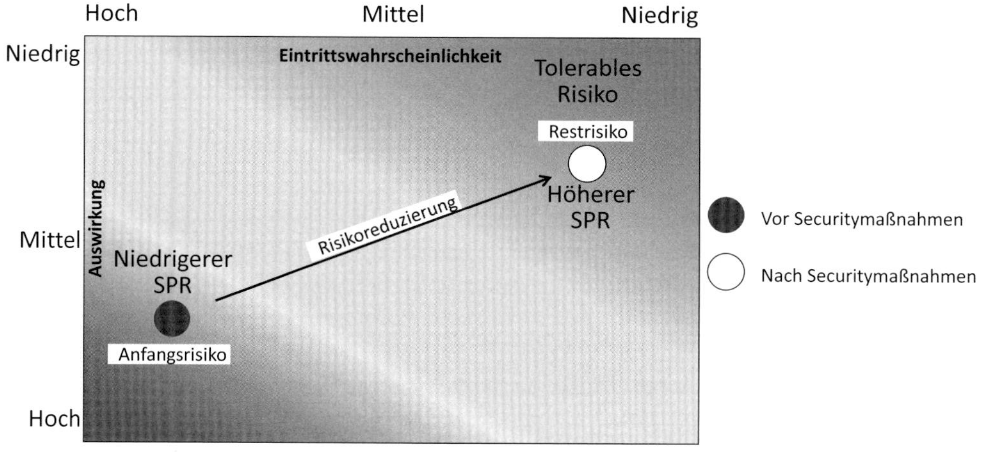

Bild 7.3 Risikoreduzierung durch stärkere Securitymaßnahmen

7.3 SPR- und SL-Ausprägungen

Security-Levels sind in Annex A von IEC 62443-3-3 [11] beschrieben. Die SPR-Ausprägungen setzen die SL-Ausprägungen fort und unterstützen die Implementierung und den Betrieb von Schutzschemata entlang der Phasen de IACS-Lebenszyklus.

SL-Ausprägung für Produkte

Die folgende Definition gilt für die Security-Fähigkeiten von Komponenten und Systemen:

- **Erreichbare SL** (*Capability SL, SL-C*)

  Levels, welche bei richtiger Konfiguration der Securityfunktionen von Komponenten oder Systemen erreicht werden können.

„Richtige Konfiguration" wird in Annex A von IEC 62443-3-3 [11] unter dem Begriff *„properly configured components or systems"* beschrieben. Eine Komponente oder System ist „richtig" konfiguriert, wenn der Systemintegrator bzw. Wartungsdienstleister die Securityfunktionen des Produkts in der Automatisierungslösung gemäß den Anleitungen des Produktherstellers integriert und konfiguriert und damit als technische Securitymaßnahme umsetzt. SL-C gibt an, welche Levels in einer Automatisierungslösung durch die konfigurierten Securityfunktionen erreicht werden können, ohne dass kompensierende technische oder organisatorische Securitymaßnahmen erforderlich sind.

In der Regel sind nicht alle in IEC 62443-3-3 [11] bzw. IEC 62443-4-2 [13] aufgeführten Anforderungen für das betrachtete Produkt relevant. Der Produkthersteller muss auf Basis der geplanten Benutzung des Produkts (*intended use*) und der geplanten operativen Einsatzumgebung (*intended operational environment*) festlegen, welche Anforderungen für das Produkt relevant sind.

Die Angabe SL-C = x bedeutet, dass durch das richtige Konfigurieren der Securityfunktionen die Anforderung, die dem Level x zugeordnet ist, ohne zusätzliche kompensierende technische oder organisatorische Securitymaßnahme erfüllt werden kann.

SPR-Ausprägungen entlang des IACS-Lebenszyklus

SPR-Ausprägungen werden entlang des IACS-Lebenszyklus für jede Zone angewendet. Für die Entwicklung eines ganzheitlichen Schutzschemas gelten folgende SPR-Ausprägungen:

- **Ziel-SPR** (*Target SPR, SPR-T*)

  Levels der System-Securityanforderungen, die der Betreiber während des Betriebs wünscht zu erfüllen, unter Berücksichtigung der erforderlichen Betriebsprozeduren zur Unterstützung der technischen Securitymaßnahmen

- **Implementierte SPR** (*Implemented SPR, SPR-I*)

  Vorhersage der Betriebs-SPR, die durch die implementierten Securitymaßnahmen erreicht werden können, unter der Annahme, dass die organisatorischen Securitymaßnahmen zuverlässig und nachweislich effektiv ausgeführt werden.

- **Betriebs-SPR** (*Operated SPR, SPR-O*)

  Levels System-Securityanforderungen, die während des Betriebs erfüllt werden, unter Berücksichtigung der Zuverlässigkeit und nachweislichen Effektivität der erforderlichen Betriebsprozeduren zur Unterstützung der Securitymaßnahmen.

SL und SPR unterstützen die Implementierung eines ganzheitlichen Schutzschemas

Die Ausprägungen der SL und SPR unterstützen die Entwicklung und den Betrieb eines ganzheitlichen Schutzschemas entlang der IACS-Phasen. Geschäftsverantwortliche müssen die Auswirkung eines Missbrauchs des IACS für ihr Geschäft bewerten und das tolerable Restrisiko festlegen. Daraus resultieren die gewünschten Ziel-Levels des IACS, die als Eingabewert für die Aufteilung in Zonen und Conduits entsprechend IEC 62443-3-2 [10] und die Festlegung der Ziel-Levels SPR-T für jede Zone oder Conduit. Zu bemerken ist, dass in IEC 62443-3-2 [10] diese als SL-T bezeichnet sind, jedoch als SPR-T zu verstehen sind.

SPR-T geben vor, welche System-Securityanforderungen für die jeweilige Zone oder Conduit zu erfüllen sind. Sie dienen als Zielvorgaben für die Entwicklung von Securitymaßnahmen und werden ggf. angepasst, wenn während des Designs und der Implementierung (z. B. aus Kosten-Nutzen-Gründen) entschieden wird, dass bestimmte System-Securityanforderungen nicht zu erfüllen sind. Die Auswirkung auf das Restrisiko muss bewertet werden und vom Betreiber akzeptieren werden.

Technische Securitymaßnahmen werden entwickelt, um die relevanten System-Securityanforderungen für jede Zone oder jedes Conduit zu erfüllen. Produkte mit den erforderlichen Securityfunktionen (SL-C) werden ausgewählt. Falls diese nicht ausreichen, werden ergänzende, kompensierende technische Securitymaßnahmen als Bestandteil der Automatisierungslösung entwickelt oder kompensierende organisatorische Securitymaßnahmen festgelegt. Begleitend zu den technischen Securitymaßnahmen werden Anleitungen für die organisatorischen Securitymaßnahmen generiert, die während des Betriebs ausgeführt werden müssen. SPR-I können angewendet werden, um begleitend zu Design und Implementierung die System-Securityanforderungen darzustellen, die potenziell während des Betriebs erfüllt werden können.

Die technischen und organisatorischen Securitymaßnahmen müssen vor der Inbetriebnahme validiert werden. Spätestens zu diesem Zeitpunkt sollten die organisatorischen Maßnahmen dokumentiert werden. Betriebs-SPR (SPR-O) können als validierte SPR-I vorhergesagt werden, unter der Annahme, dass die organisatorischen Securitymaßnahmen während des Betriebs zuverlässig ausgeführt werden.

Die Bewertung der Zuverlässigkeit der Ausführung der organisatorischen Securitymaßnahmen bezieht sich auf eine Betriebsdauer des IACS. Daher macht es Sinn, SPR-O erstmalig nach einer gewissen Zeitspanne nach der Inbetriebnahme zu bestimmen. SPR-O sollten regelmäßig neu bewertet werden, da der Reifegrad bezüglich der Ausführung der organisatorischen Securitymaßnahmen sich im Laufe der Zeit positiv oder negativ verändern kann.

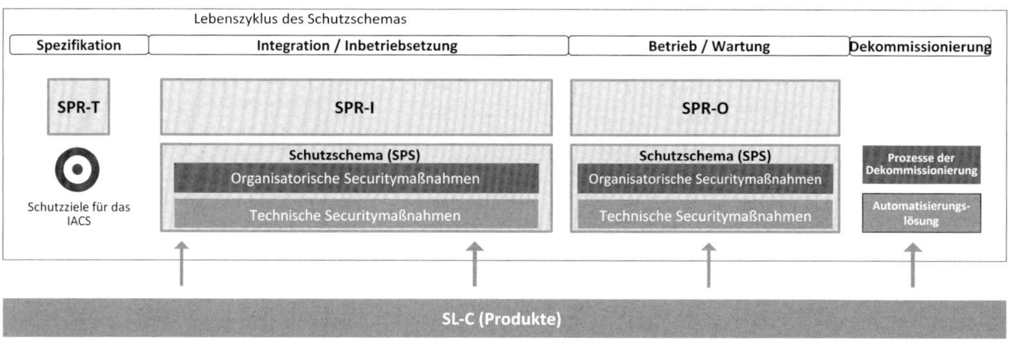

Bild 7.4 Verwendung von SL- und SPR-Typen im IACS-Lebenszyklus

7.4 Gruppierung der System-Securityanforderungen

Die Securityanforderungen der IEC 62443 richten sich an die jeweiligen Protagonisten, die zu einem ganzheitlichen Schutzschema beitragen müssen. Es sind sowohl technische als auch organisatorische Anforderungen, die heute in verschiedene Dokumente verstreut sind. Anforderungen an Securityfunktionen von Produkten und Lösungen sind in IEC 62443-3-3 [11] und IEC 62443-4-2 [13] zu finden und werden nach sieben sogenannten *„Foundational Requirements"* gegliedert.

Anforderungen an den Entwicklungsprozess des Produktherstellers sind in IEC 62443-4-1 [12] in acht sogenannten *„Practices"* aufgeteilt. Anforderungen an das Security-Programm des Betreibers sind in IEC 62443-2-1 [5] entlang von acht *„Security Program Elements"* definiert. Anforderungen an die Prozesse des Dienstleisters für Integration oder Wartung werden in IEC 62443-2-4 [8] in zwölf sogenannten *„Functional Areas"* beschrieben.

Die Anzahl der Anforderungen in den verschiedenen Dokumenten der IEC 62443-Serie spiegelt die große Anzahl der Herausforderungen wider, die in einem ganzheitlichen Schutzschema zu berücksichtigen sind. Die Bewertung der Erfüllung jeder einzelnen System-Securityanforderung führt zu einer hohen Anzahl von SPR-Werten. Das SPR-Konzept kann auch einen systematischen Ansatz zur Entwicklung von Schutzschemata unterstützen, indem Anforderungsgruppen gebildet werden. Jede Gruppe beinhaltet alle Anforderungen der IEC 62443-Serie, die für einen bestimmten Security-Thema relevant sind. Jede Gruppe enthält somit zusammengehörigen Anforderungen an die jeweiligen Protagonisten.

Ein zusammengesetzter SPR-Wert kann für jede Gruppe generiert werden. Zum Beispiel kann der Gesamtwert als das kleinste Level der erfüllten System-Securityanforderungen definiert werden. Alternative Methoden können definiert werden, die zu einer anderen Bedeutung des Gesamtwerts führen. Zusammengesetzte SPR-Werte sollten nicht als absolute Werte gesehen werden, sie können jedoch zum Vergleich zwischen unterschiedliche Securitymaßnahmen nützlich sein. Ein Tool kann entwickelt werden, um die Erfüllung der System-Securityanforderungen in Gesamtwerten darzustellen.

Anordnung der Anforderungen in Programmelementen SPE und Sub-SPE

Ein ganzheitliches Schutzschema hat das Ziel, ein IACS zu schützen, daher macht es Sinn, die Gruppen nach der Gliederung der IEC 62443-2-1 [5] zu bilden, dass das Security-Programm des Betreibers strukturiert. Das Dokument gliedert sich in Programmelementen (*Security Program Elements, SPE"*). Die SPE decken alle Themen eines ganzheitlichen Security-Programms ab, es wurde auch darauf geachtet, dass die Programmelemente möglichst unabhängig voneinander sind. Einige SPE sind in Untergruppen, sogenannten Sub-SPE untergliedert, um bestimmte Security-Themen genauer zu detaillieren (siehe Tabelle 7.1). In Annex A ist eine detaillierte Beschreibung der SPE und Sub-SPE dargestellt.

Tabelle 7.1 Struktur von IEC 62443-2-1 [5] in SPE/Sub-SPE

ID	Titel	Zweck	Sub-SPE
SPE 1	Organisation der Security (*Organizational security measures*)	Sicherstellen, dass die Organisation vorbereitet ist, um den Schutz des IACS adäquat zu adressieren. Der Fokus liegt auf den Richtlinien und Prozessen für das Management der Cybersecurity und der Sicherstellung, dass das Personal für ihre jeweilige Verantwortung bezüglich der Security geschult ist.	ORG 1 – Organisation und Regelwerk der Security (*Security related organization and policies*) ORG 2 – Security Bewertungen und Überprüfungen (*Security assessments and reviews*) ORG 3 – Security der Zugangskontrolle (*Security of physical access*)

Tabelle 7.1 *(Fortsetzung)* Struktur von IEC 62443-2-1 [5] in SPE/Sub-SPE

ID	Titel	Zweck	Sub-SPE
SPE 2	Konfigurationsmanagement (*Configuration management*)	Sicherstellung, dass der Betreiber die IACS-Architektur dokumentiert, ein Inventar der Hardware und Software der Komponenten pflegt und ein Änderungsmanagement betreibt.	CM 1 – Inventarverwaltung der Hardware und Software der IACS-Komponenten und der Netzwerkkommunikation (*Inventory management of IACS hardware/software components and network communications*)
SPE 3	Security des Netzwerks und der Kommunikation (*Network and communications security*)	Schutz des IACS gegen Angriffe, die über das Netzwerk und den Kommunikationsfähigkeiten durchgeführt werden. Diese Angriffe können von außen entstehen, können Zonengrenzen innerhalb des IACS überschreiten und von unerlaubten oder kompromittierten, an das IACS-Netzwerk angeschlossenen Komponenten kommen.	NET 1 – Systemsegmentierung (*System segmentation*) NET 2 – Sicherer drahtloser Zugriff (*Secure wireless access*) NET 3 – Sicherer Fernzugriff (*Secure remote access*)
SPE 4	Security der Komponenten (*Component security*)	Schutz der IACS-Komponenten (Geräte oder Software). Diese Angriffe können über die Schnittstellen der Komponenten erfolgen, sowohl von außen als auch intern.	COMP 1 – Komponenten und bewegbare Medien (*Components and portable media*) COMP 2 – Schutz gegen Malware (*Malware protection*) COMP 3 – Patch Management (*Patch management*)
SPE 5	Schutz der Daten (*Protection of data*)	Sicherstellung, dass Daten gegen Verfälschung (Integrität) oder Offenlegung (Vertraulichkeit) geschützt sind.	DATA 1 – Schutz der Daten (*Protection of data*)
SPE 6	Zugriffssteuerung der Nutzer (*User access control*)	Sicherstellung, dass alle Nutzer (Menschen, Softwareprozesse und Geräte) einem Account zugeordnet sind, der für die Aussteuerung des Zugriffs auf das IACS, seiner Ressourcen und seiner Funktionen benutzt wird.	USER 1 – Identifikation und Authentisierung (*Identification and authentication*) USER 2 – Autorisierung und Zugriffssteuerung (*Authorization and access control*)
SPE 7	Management der Ereignisse und Vorfälle (*Event and incident management*)	Detektion, Datensammlung und Analyse von Security-relevanten Ereignissen. Diese Aktivitäten haben zum Ziel, Security-Vorfälle zu entdecken und Nicht-Streitbarkeit	EVENT 1 – Management der Ereignisse und Vorfälle (*Event and incident management*)
SPE 8	Systemintegrität und -verfügbarkeit (*System integrity and availability*)	Sicherstellung, dass die Integrität und Verfügbarkeit des IACS geschützt ist und dass das System wieder in einem früheren Zustand hergestellt werden kann.	AVAIL 1 – Systemverfügbarkeit und geplante Funktionalität (*System availability and intended functionality*) AVAIL 2 – Backup/Wiedererstellung/Archivierung (*Backup/restore/archive*)

Zusätzlich zu den Anforderungen der IEC 62443-2-1 [5], können die Securityanforderungen der folgenden Dokumente einem oder mehreren Sub-SPE zugeordnet werden.

- IEC 62443-2-4 [8]: Security program requirements for IACS service providers
- IEC 62443-3-2 [10]: Security risk assessment and system design
- IEC 62443-3-3 [11]: System security requirements and security levels
- IEC 62443-4-1 [12]: Secure product development lifecycle requirements
- IEC 62443-4-2 [13]: Technical security requirements for IACS components

Betreiber sollten ihre Security-Programme entlang der Programmelemente SPE und sub-SPE strukturieren. Durch die Gruppierung aller Anforderungen in Programmelementen, werden zusammengehörige Anforderungen an verschiedenen Rollen und Protagonisten in Zusammenhang gebracht und eine systematische Vorgehensweise für die Entwicklung eines ganzheitlichen Schutzschemas unterstützt. Jede Gruppe enthält die Anforderungen an den anderen Protagonisten:

Systemintegratoren und Wartungsdienstleister:

- System-Securityanforderungen der IEC 62443-3-3 [11], die durch technische Securitymaßnahmen in der Automatisierungslösung und organisatorischen Securitymaßnahmen während des Betriebs erfüllbar sind.
- Anforderungen der IEC 62443-2-4 [8] an die Prozesse von Dienstleistern für Integration oder Wartung.

Produkthersteller:

- System-Securityanforderungen der IEC 62443-3-3 [11] an Fähigkeiten von Leitsystemen.
- Securityanforderungen der IEC 62443-4-2 [13] an Fähigkeiten von Automatisierungskomponenten.
- Anforderungen der IEC 62443-4-1 [12] an den Entwicklungsprozess der Produkthersteller zur Unterstützung der Implementierung und Betriebs von Schutzschemata.

Betreiber können von den Dienstleistern fordern, Leistungen entsprechend den dazugehörigen Anforderungen der IEC 62443-2-4 [8] in den jeweiligen Elementen anzubieten. Bei dem Design von Automatisierungslösungen werden Produkte mit den geeigneten Securityfunktionen entsprechend den Anforderungen der IEC 62443-3-3 [11] oder IEC 62443-4-2 [13] gewählt. Die Produkthersteller können demonstrieren, wie die Securityfunktionen ihrer Produkte die Erfüllung der jeweiligen Anforderungen der anderen Protagonisten in jedem Element unterstützen.

In Anhang B werden die relevanten Anforderungen der IEC 62443 nach der Struktur der IEC 62443-2-1 nach Meinung des Autors angeordnet.

Sichten

Die Gruppierung von SPR-Werten kann noch zu einer weiter vereinfachten Sicht führen. Sichten werden typischerweise von dem Management einer Organisation verwenden, z. B. bei der Kommunikation mit Versicherungen oder mit Behörden. Sichten stellen den Security-Zustand einer Anlage in einem handvollen Satz SPR-Werte dar.

In der gleichen Weise wie bei der Gruppierung in SPE bzw. sub-SPE, werden in einem Element einer Sicht die Securityanforderungen, die dem Element zugeordnet sind, zusammenfassend dargestellt. Dies erfolgt durch eine weitere Zuordnung jeder Securityanforderung zu einem oder mehreren Elementen der View oder durch Zusammenführung mehrerer sub-SPE Gruppierungen. Die technische Umsetzung kann in demselben Tool wie für die Gruppierung in sub-SPE erfolgen.

Eine Organisation kann ihre eigenen Sichten definieren oder diejenigen verwenden, die für einen Industriesektor, ein Land oder eine Interessengruppe definiert wurden. Zum Beispiel werden in *„Framework for Improving Critical Infrastructure Cybersecurity"* von dem *„National Institute of Standards and Technology (NIST)"* fünf Blöcke definiert (*Identify, Protect, Detect, Respond, Recover*), die Elemente einer Sicht sein könnten.

Die Verwendung des Konzepts wird anhand des Beispiels einer generischen Sicht gezeigt. Geschäftsverantwortliche werden die Zielwerte SPR-T für jedes Element einer Sicht auf Basis der Auswirkung eines Missbrauchs auf ihr Geschäft festlegen. Das Dashboard der Sicht wird Security-Themen hervorheben, die Verbesserungen erfordern, um die Zielwerte zu erreichen. Experten können mit dem Management Kosten und Zeitschienen von Verbesserungsprojekte besprechen.

Die Verwendung des Konzepts wird anhand des Beispiels einer generischen Sicht mit folgenden Elementen dargestellt:

- *Secure physical access*:

  beinhaltet die organisatorischen und technischen Maßnahmen, die den physischen Zugang zu dem betrachteten System beeinflussen.
- *Organize for security:*

  beinhaltet die Richtlinien und Prozeduren zur Organisation der Security.
- *Secure design:*

  beinhaltet die organisatorischen und technischen Maßnahmen, die den SPR-Wert der entwickelten Automatisierungslösung beeinflussen.
- *Secure operations and maintenance:*

  beinhaltet die organisatorischen und technischen Maßnahmen, die die Aufrechterhaltung der SPR-Werte während des Betriebs beeinflussen.
- *Secure lifecycle management:*

  beinhaltet die organisatorischen und technischen Maßnahmen, die das Update der Securitymaßnahmen beeinflussen.

Bild 7.5 zeigt ein mögliches Dashboard für die generische Sicht.

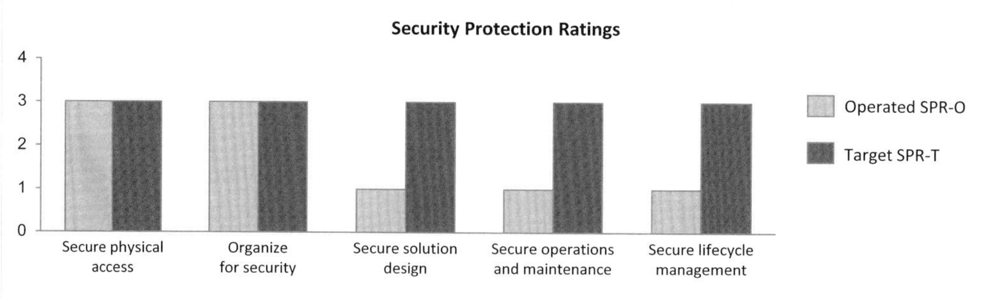

Bild 7.5 Beispiel eines Dashboards für die generische Sicht

Geschäftsverantwortliche können Zielwerte für Ausschreibungen festlegen. Dienstleister können ihre Fähigkeiten als vereinfachte Darstellung in Elementen der Sicht abbilden.

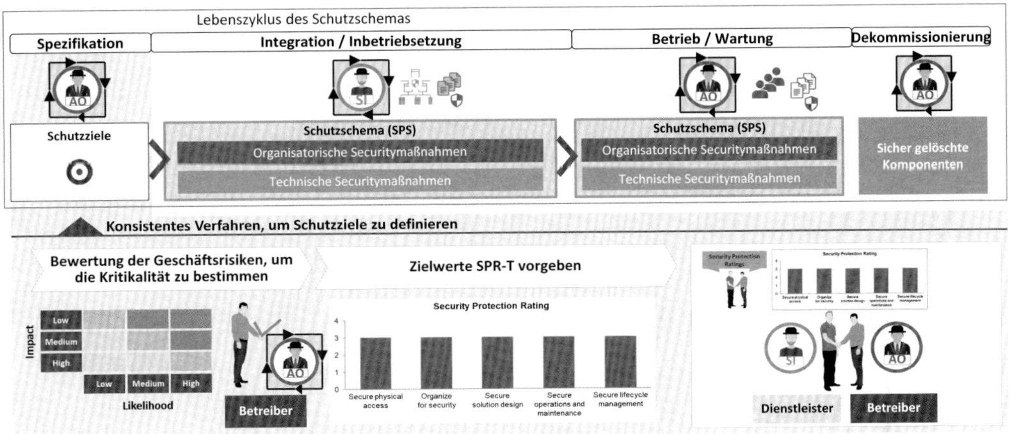

Bild 7.6 Verwendung von Sichten in der Spezifikationsphase

Sichten können auch von Dienstleistern als Eingangswerte für ihre Aktivitäten benutzen werden, um den erreichbaren Schutz durch technische und organisatorische Securitymaßnahmen darzustellen.

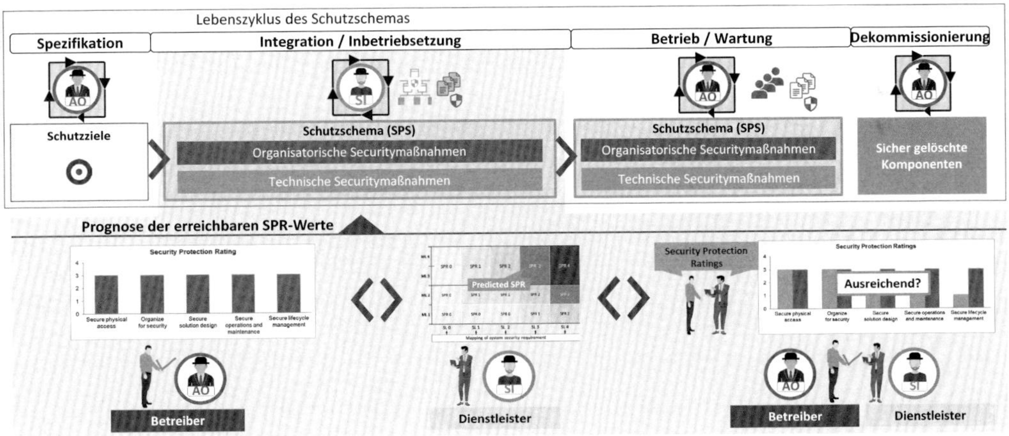

Bild 7.7 Verwendung von Sichten während des Designs und der Implementierung

Während des Betriebs, können Sichten den aktuellen Schutz-Zustand eines IACS im Vergleich mit den Zielwerten darstellen.

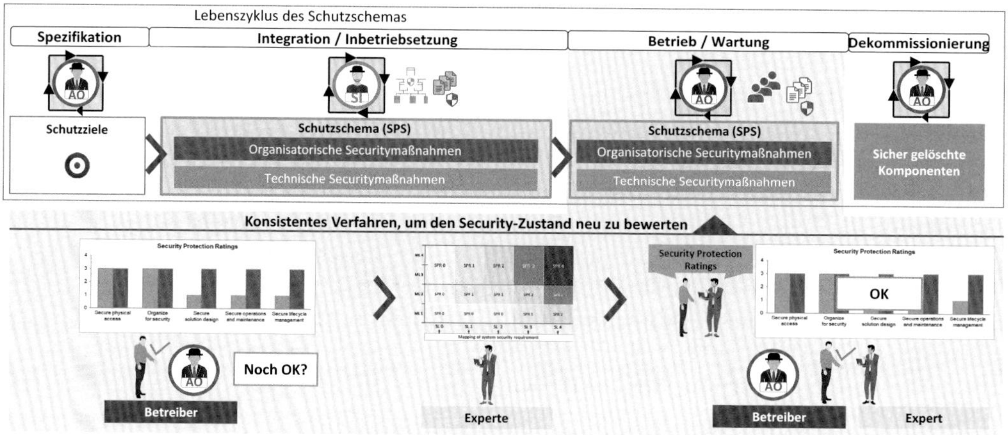

Bild 7.8 Verwendung von Sichten während des Betriebs

8 Kombination von ISO/IEC 27001/2 und IEC 62443

ISO/IEC 27001/2 und IEC 62443 sind zwei komplementäre Teile eines ganzheitlichen Ansatzes für die Security im OT-Bereich. Der Standard ISO 27001/2 hat sich seit vielen Jahren für die Informationssicherheit in der Office-Umgebung vieler Unternehmen etabliert. Die OT-Infrastruktur von industriellen Anlagen ist in der Regel in der IT-Infrastruktur des Unternehmens eingebunden. Der Fokus der IEC 62443 ist der Schutz von IACS und befasst sich mit spezifischen Belangen von OT-Umgebungen. Jedoch können viele Verfahren und Anforderungen der IT auch im OT-Bereich angewendet werden. Die Prozesse und das Management der Security im OT-Bereich sollten daher Bestandteil eines einheitlichen Ansatzes sein und auf die bestehende Informationssicherheit nach ISO/IEC 27001/2 aufbauen.

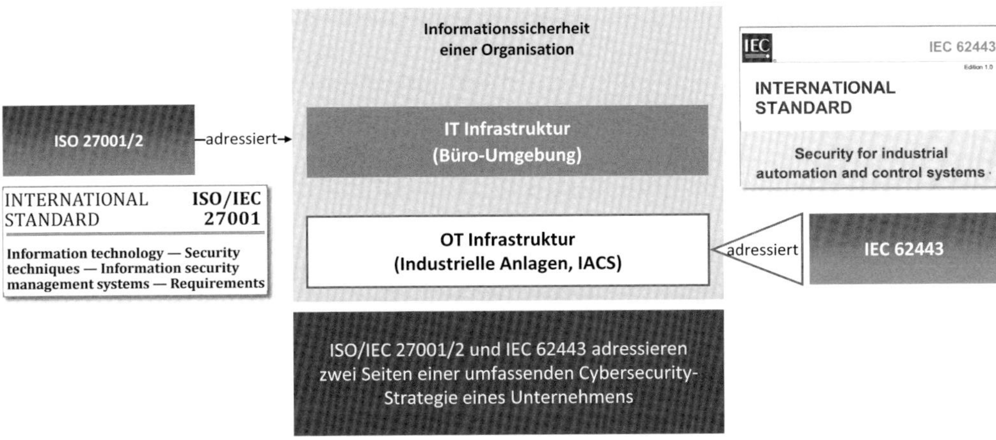

Bild 8.1 ISO/IEC 27001/2 und IEC 62443 sind Bestandteile einer umfassenden Cybersecurity-Strategie eines Unternehmens.

ISO/IEC 27001/2 definiert Anforderungen an das ISMS

Die ISO/IEC 27001/2 hat den Anspruch, für verschiedene Organisationen anwendbar zu sein. Diese können unterschiedlich in Struktur, Größe oder Zweck sein. Die Basis der Informationssicherheit ist das Einführen eines Informationssicherheitsmanagementsystems (ISMS). Die Anforderungen an Einrichtung, Umsetzung, Aufrechterhaltung und fortlaufende Verbesserung eines ISMS sind in den Abschnitten 4 bis 10 der ISO/IEC 27001 enthalten. Die Norm schreibt vor, dass alle Anforderungen erfüllt sein müssen, wenn eine Organisation die Konformität mit der ISO/IEC 27001 für sich beansprucht. Dies gilt auch für die Organisation der Security des Betreibers eines industriellen Produktionsbereichs. Für das Security-Management im OT-Bereich gilt es, die ISMS-Anforderung der ISO/IEC 27001, Abschnitte 4 bis 10 für die OT-Umgebung anzupassen.

Zusätzlich zu den Anforderungen an ein ISMS beinhaltet die ISO/IEC 27001 in Anhang A eine Liste von Anforderungen für die Beurteilung und Behandlung von Informationssicherheitsrisiken. Diese werden in ISO/IEC 27002 mit einer zusätzlichen Erklärung versehen und decken alle Security-Belange eines ganzheitlichen Ansatzes zur Risikominderung ab. Die Norm erklärt, dass dies Anforderungen als Vorschlag zu verstehen sind. Die Unterscheidung zwischen Anforderungen an das ISMS und Anforderungen für die Beurteilung und Behandlung von Informationssicherheitsrisiken sind anhand von einigen Beispielen in Bild 8.2 dargestellt.

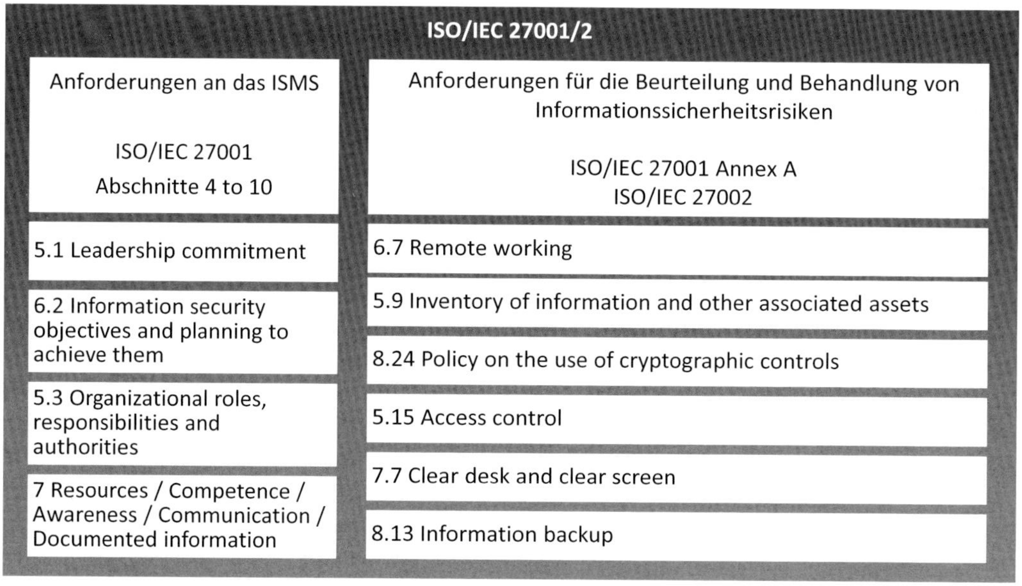

Bild 8.2 Anforderungen an das ISMS und Anforderungen für die Beurteilung und Behandlung von Informationssicherheitsrisiken (Beispiele)

Die ISO/IEC 27001 beschreibt diese Anforderungen als ein Katalog, aus dem die Anforderungen für den betrachteten Anwendungsbereich entsprechend ihrer Relevanz ausgewählt werden. Darüber hinaus sieht die ISO/IEC 27001 vor, dass je nach Anwendungsbereich zusätzliche Anforderungen, hinzugefügt werden können.

IEC 62443 adressiert OT-spezifische Belange für die Security im OT-Bereich

Für den Schutz von industriellen Anlagen müssen spezifische Anforderungen an Verfügbarkeit und Integrität erfüllt sein, um die Aufrechterhaltung des operativen Betriebs und den Schutz von Menschen und Umwelt sicherzustellen. Der Verlust des operativen Betriebs kann z. B. eine Explosion, ein Stromausfall oder die fehlerhafte Dosierung einer lebensrettenden Medizin zur Folge haben. Viele Anlagen beinhalten dedizierte Sicherheitssysteme zum Schutz von Menschen und Umwelt. Die Security-Anforderungen der IEC 62443 wurden mit dem Ziel definiert, einen sicheren operativen Betrieb sicherzustellen. Für den besonderen Schutz von Sicherheitsfunktionen beinhaltet die IEC 62443 spezifische Anforderungen.

Bild 8.3 zeigt einige Beispiele von Herausforderungen im OT-Bereich, die zu spezifischen Anforderungen in der IEC 62443 führen.

Anforderungen der ISO/IEC 27001/2	Herausforderungen im OT-Bereich	Referenz in IEC 62443
7.7 Clear desk and clear screen	Das Sperren des Operator-Bildschirms kann einen unsicheren Zustand bewirken	*ISA/IEC 62443-2-1 USER 1.18* sieht vor, dass Operator-Bildschirme von automatischen Bildschirm-Sperren ausgeschlossen sein können
8.7 Protection against malware	Antivirus-Produkte sind oft nicht kompatibel mit OT-Systemen	*ISA/IEC 62443-2-1 COMP 2.3* fordert einen Test der Kompatibilität der Antimalware Software
8.13 Information backup	Die Netzwerk-Belastung von automatischen Sicherungen kann Sicherheitsmeldungen blockieren	*ISA/IEC 62443-3-3 SR 5.1 RE(1)* fordert eine physikalische Segmentierung zwischen kritischen und nicht-kritischen Netzwerksegmenten
8.8 Management of technical vulnerabilities	Das Patchen kann den operativen Betrieb unterbrechen	*ISA/IEC 62443-2-3 section 5 part f* Fordert das Test und Planen der Patch-Aktivitäten, um die Kontinuität des operativen Betriebs sicherzustellen

Bild 8.3 Beispiele von spezifischen OT-Herausforderungen

ISO/IEC 27001/2 und IEC 62443 für den Schutz von industriellen Anlagen kombinieren

Die o. g. Diskussion zeigt auf, wie die IEC 62443 die ISO/IEC 27001/2 mit den Besonderheiten der OT-Umgebung erweitert. Die IEC 62443 deckt jedoch nicht alle Bestandteile, die für den Schutz von industriellen Anlagen erforderlich sind. Insbesondere sind keine Anforderungen an ein ISMS enthalten. Deshalb macht es Sinn, beide Standards für den Schutz von industriellen Anlagen zu kombinieren (siehe Bild 8.4). Der betrachtete Anwendungsbereich ist der industrielle Produktionsbereich, deshalb sollte die IEC 62443-2-1, die das Security-Programm des Betreibers adressiert, in Verbindung mit der ISO/IEC 27001/2 gebracht werden. Die weiteren Dokumente der IEC 62443-Serie adressieren die Beiträge von Systemintegratoren, Wartungsdienstleistern und Produktherstellern für den Schutz von industriellen Anlagen des Betreibers und haben das Ziel, die Erfüllung der Security-Anforderungen der IEC 62443-2-1 zu unterstützen.

Anpassung des ISMS für den industriellen Produktionsbereich

Obwohl die IEC 62443 keine Anforderung an ein ISMS stellt, fordert die erste Anforderung der IEC 62443-2-1, dass das Security-Programm des Betreibers mit einem etablierten ISMS koordiniert werden muss. Es ergibt deshalb Sinn, das Security-Management im Produktionsbereich entsprechend den Anforderungen an das ISMS nach ISO/IEC 27001, Abschnitt 4 - 10 aufzubauen und für die OT-Produktionsumgebung anzupassen. Dies erfordert unter anderem, dass die Einzigartigkeit der fachlichen Kompetenzen in IT bzw. OT in der Ressourcenplanung berücksichtigt wird und die Bedeutung der Konzepte und Begriffe der ISO/IEC 27001 für den Produktionsbereich beschrieben wird.

Zusätzliche Berücksichtigung der ISO/IEC 27001/2-Anforderungen für die Gestaltung der Securitymaßnahmen

Ein pragmatischer Ansatz, die Anforderungssätze der ISO/IEC 27001, Anhang A bzw. ISO/IEC 27002 und der IEC 62443-2-1 in Zusammenhang zu bringen, ist die Struktur der IEC 62443-2-1 in sogenannten Security-Programm-Elementen (SPE) zu verwenden (siehe Abschnitt 7.4).

Es macht Sinn, zusätzlich zu jedem SPE und sub-SPE die dazugehörigen Anforderungen der ISO/IEC 27001 Anhang A bzw. ISO/IEC 27002 hinzuzufügen. Bei der Auslegung der Securitymaßnahmen zum Schutz der industriellen Anlagen sollten die Gesamtheit der Anforderungen berücksichtigt werden. Zu bemerken ist, dass dies nicht bedeutet, dass alle Anforderungen erfüllt werden müssen. Die relevanten Anforderungen sollten auf Basis der Risikobewertung entsprechend der Bedarfsanalyse für die jeweilige industrielle Anlage ausgewählt werden.

Obwohl die meisten Anforderungen der ISO/IEC 27001/2 für die Beurteilung und Behandlung von Informationssicherheitsrisiken einem oder mehreren SPE bzw. Sub-SPE zugeordnet werden können, sind welche enthalten, die von genereller Art sind, wie z. B. „5.5 – Kontakt mit Behörden", „5.6 – Kontakt mit speziellen Interessengruppen" oder „5.32 – Geistige Eigentumsrechte". Die IEC 62443 deckt diese Aspekte bewusst nicht ab. Die Relevanz und Anwendung dieser generellen Anforderungen müssen von dem Betreiber einer industriellen Produktionsanlage einzeln bewertet werden.

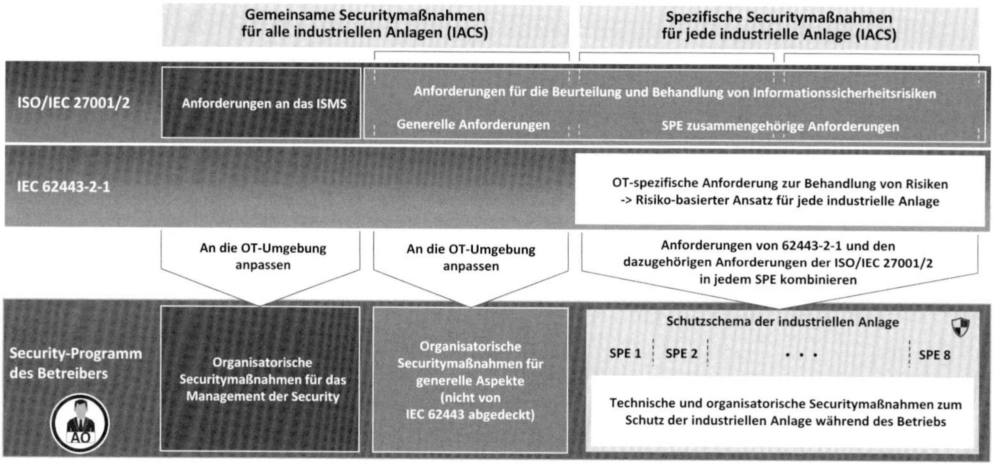

Bild 8.4 Kombination der Anforderungen der ISO/IEC 27001/2 und der IEC 62443-2-1 für das Security-Programm des Betreibers

Das Hinzufügen der dazugehörigen Anforderungen der ISO/IEC 27001/2 zu jedem SPE bzw. sub-SPE bringt Vorteile mit sich. Dies soll anhand von „SPE 3 – Security der Netzwerke und Kommunikation / sub-SPE NET 3 – Fernzugriff" dargestellt werden (Bild 8.5).

Anlagenteile werden oft aus Arbeitsplätzen außerhalb des Produktionsbereichs durch externe Dienstleister gewartet. Das Erlauben eines Fernzugriffs für einen externen Dienstleister erhöht die Angriffsfläche und muss genau geregelt werden, um das Risiko möglichst gering zu halten.

Demzufolge sind im sub-SPE „NET 3 – Fernzugriff" die Anforderungen der IEC 62443-2-1 stringent gestaltet:

- NET 3.1:

  Nur autorisierte Applikationen im Rahmen eines Fernzugriffs erlauben
- NET 3.2:

  Sicherstellen, dass erlaubte Fernzugriffe dokumentiert sind, einschließlich der Beschreibung von Anlass, Umstand, verwendete Verschlüsselungs- und Authentisierungstechnologien, Zeitdauer, Ort und Identität des externen Arbeitsplatzes
- NET 3.3:

  Sicherstellen, dass ruhende Verbindungen nach einer bestimmten Zeitdauer getrennt werden

Diese OT-spezifischen Anforderungen sind eine zusätzliche Detaillierung der Anforderungen der ISO/IEC 27001/2, die auf die Arbeit aus externen Arbeitsplätzen, wie etwa bei Homeoffice, fokussieren. Im Bild 8.5 sind beispielhaft einige Anforderungen der ISO/IEC 27001/2 dargestellt, die zu diesem Thema gehören. Die ISO/IEC 27001/2 fordert den Schutz der Informationen, die in externen Arbeitsplätzen verarbeitet oder gespeichert werden, die Sicherung von Anwendungsdiensten in öffentlichen Netzwerken und den Schutz der Transaktionen bei Anwendungsdiensten. Die o. g. Anforderungen der IEC 62443-2-1 ergänzen hier die ISO/IEC 27001/2 mit spezifischen Anforderungen für den OT-Bereich. Darüber hinaus adressiert die ISO/IEC 27001/2 Aspekte, die nicht von der IEC 62443 angesprochen werden, die aber durchaus für den Anwendungsfall eines Fernzugriffs durch einen externen Dienstleister wichtig sein können:

- Festlegung von Richtlinien und Verfahren zur Informationsübertragung
- Vereinbarungen zur Informationsübertragung
- Vertraulichkeits- oder Geheimhaltungsvereinbarungen

Bei der Gestaltung von Anwendungsfälle, die einen Fernzugriff auf eine industrielle Anlage benötigen, sollten alle Aspekte berücksichtigt werden, die von beiden Standards adressiert werden.

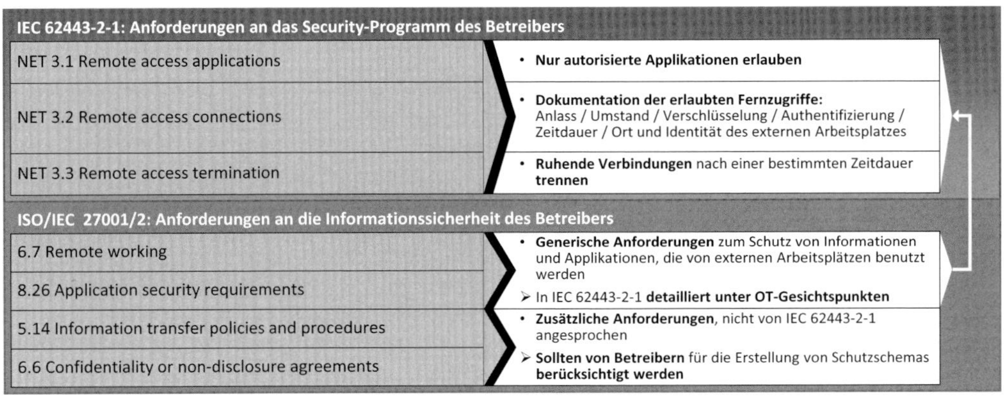

Bild 8.5 Hinzufügen von Anforderungen der ISO/IEC 27001/2 bei der Gestaltung von Anwendungsfällen mit Fernzugriff

IEC 62443 bringt den entscheidenden Mehrwert für den Schutz von industriellen Anlagen

Um ihre industriellen Anlagen zu schützen, sind Betreiber auf den Beitrag weiterer Protagonisten angewiesen. Es müssen technische Lösungen mit geeigneten Securitymaßnahmen entwickelt werden und es müssen Produkte mit entsprechenden Securityfunktionen auf dem Markt verfügbar sein. Die IEC 62443 bietet den entscheidenden Mehrwert, Anforderungen an alle Protagonisten zu stellen, die für den Schutz von industriellen Anlagen beitragen müssen. Bild 8.6 zeigt die Verbindung der ISO/IEC 27001/2 und der IEC 62443 sowie die Beitragskette der Protagonisten für die Erstellung von ganzheitlichen Schutzschemata zum Schutz von industriellen Anlagen.

Die IEC 62443 unterstützt die Implementierung von Anforderungen bezüglich Lieferanten und Lieferantenbeziehungen durch jeweilige Dokumente, die die Pflichten der Lieferanten in ihren unterschiedlichen Rollen festlegen. Das gibt den Betreibern die Basis, Security-Forderungen an Systemintegratoren, Wartungsdienstleistern oder Produktherstellern zu stellen. Zum Beispiel fordert die IEC 62443-4-1, dass Produkthersteller Gegenmaßnahmen für mögliche Bedrohungen in ihren Produkten einbauen, Security-Prinzipien beim Design vorgeben, schwachen Code durch Verfolgung von Programmierrichtlinien eliminieren, Security-Schwachstellen mit Test-Techniken, wie Fuzz Testing, Penetrationstest oder binäre Codeanalyse auffinden, Security-Richtlinien für die Benutzer des Produkts erstellen und einen Prozess zur Behandlung von entdeckten Schwachstellen während der Vermarktung etablieren.

Die IEC 62443 stellt auch Anforderungen an die Security-Fähigkeiten von Produkten und Lösungen und differenziert die Stärke der Securitymaßnahmen in vier Levels entsprechend dem tolerablen Restrisiko des Betreibers.

Die ISO/IEC 27001/2 und die IEC 62443 bilden ein starkes Gespann für die Implementierung von ganzheitlichen, Risiko-basierten Schutzschemata für industrielle Anlagen:

- Die kombinierten Anforderungen der ISO/IEC 27001/2 und IEC 62443-2-1 sind die Basis für Betreiber bei der Erstellung von Security-Programmen, die die Implementierung von technischen und organisatorischen Securitymaßnahmen sicherstellen.
- Die Anforderungen der IEC 62443-2-4, IEC 62443-3-3 und IEC 62443-3-2 sind die Basis für Systemintegratoren und Wartungsdienstleistern für das Design und die Wartung von technischen Lösungen mit adäquaten Security-Fähigkeiten.
- Produkthersteller können Betreiber, Systemintegratoren und Wartungsdienstleistern auf Basis der Anforderungen der IEC 62443-4-1 unterstützen mit der Bereitstellung von gut entwickelten Produkten mit adäquaten Securityfunktionen und durch Aufrechterhaltung des Security-Zustands der Produkte während der Vermarktung.
- Die Anforderungen der IEC 62443-3-3 und IEC 62443-4-2 sind die Basis für die Produkthersteller, nach Levels differenzierte Security-Fähigkeiten in Produkten und Lösungen zu entwickeln.

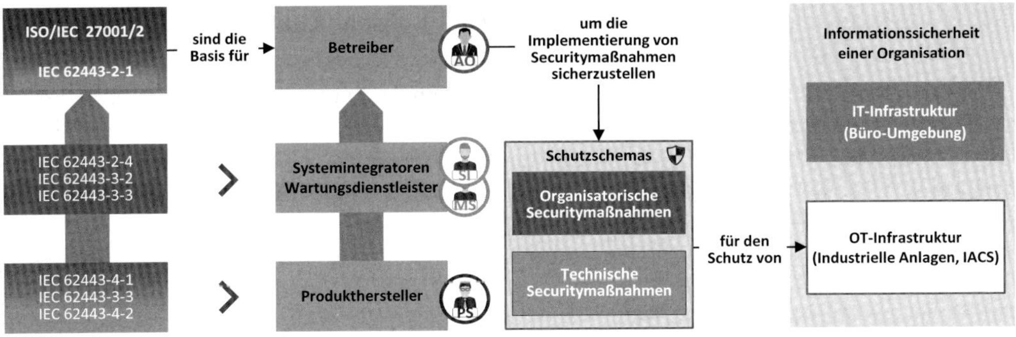

Bild 8.6 Die IEC 62443 adressiert alle beteiligten Protagonisten für den Schutz von industriellen Anlagen.

9 Rollenbasierte Aktivitäten und Beiträge für die Implementierung eines ganzheitlichen Schutzkonzepts

In diesem Abschnitt werden die Aktivitäten und Beiträge von Organisationen, die die Hauptrollen der IEC 62443 erfüllen, zur Implementierung eines ganzheitlichen Schutzschemas beschrieben. Wir verwenden dabei das sogenannte RACI-Modell (*Responsible – Accountable – Contributor – Informed*) und verbinden die Kürzel der Rollen mit den Kürzeln des RACI-Modells.

Kürzel für das RACI-Modell:

- R: Die Organisation, die diese Rolle erfüllt, ist verantwortlich für die Aktivitäten.
- A: Die Organisation, die diese Rolle erfüllt ist, haftet für die Auswirkung der Aktivitäten.
- C: Die Organisation, die diese Rolle erfüllt ist, muss zu den Aktivitäten beitragen.

AO	Betreiber	A	Haftbar
MS	Wartungsdienstleister	R	Verantwortlich
SI	Systemintegrator	C	Beitragend
PS	Produkthersteller		

Bild 9.1 Kürzel für die rollenbasierten Aktivitäten

Bild 9.2 stellt zusammenfassend dar, welche Pflichten des RACI-Modells Organisationen entsprechend ihrer Rollen zur Implementierung eines Schutzschemas einnehmen sollten. Der Eigentümer und Geschäftsverantwortliche – erster Bestandteil der Rolle AO – haftet für alle Risiken des IACS entlang des gesamten Lebenszyklus. Die Ausführung der Aktivitäten wird in jeder Phase von einer anderen Rolle verantwortet, jedoch muss der Eigentümer alle Ergebnisse abnehmen und ist dafür rechenschaftspflichtig. In der Spezifikationsphase müssen unter der Verantwortung des Betreibers die Schutzziele festgelegt werden. Der SI sollte zu der Ausarbeitung der Cybersecurity-Spezifikation beitragen. Der SI verantwortet die Entwicklung und Implementierung von technischen Securitymaßnahmen und die Generierung von Anleitungen für die organisatorischen Securitymaßnahmen. Der Beitrag des AO ist bei diesen Aktivitäten die Vorgabe von allen operativen oder regulativen Bedingungen, die die Auslegung der Securitymaßnahmen beeinflussen. Der PS muss mit Anleitungen zur Behandlung von Angriffsmöglichkeiten unterstützen und Anleitungen für Integration, das Härten und den Betrieb der in der Automatisierungslösung eingesetzten Produkte zur Verfügung stellen. Die Verifikation und Validierung der Securitymaßnahmen erfolgt in einer geteilten Verantwortung. Zum einen muss der SI den Beleg der Erfüllbarkeit der System-Securityanforderungen durch die technischen Securitymaßnahmen erbringen. Zum anderen verantwortet der Betreiber, die Dokumentation und Validierung der während des Betriebs auszuführenden organisatorischen Securitymaßnahmen. Der Betreiber ist verantwortlich für Betrieb und die Wartung des ganzheitlichen Schutzschemas und muss, falls erforderlich, ein Update der Securitymaßnahmen bewirken. Die Verantwortung für die Umsetzung des Updates liegt bei der Rolle MS. Die Aktivitäten dieser Rolle sind ähnlich wie die der Rolle SI in der Designphase mit dem Unterschied, dass ein vorhandenes Design vorliegt. Schließlich verantwortet der AO die Aktivitäten der Dekommissionierung, die sich im Wesentlichen auf das aktive Entsorgen aller sensitiven Informationen, die sich in den abgebauten Komponenten befinden, fokussiert.

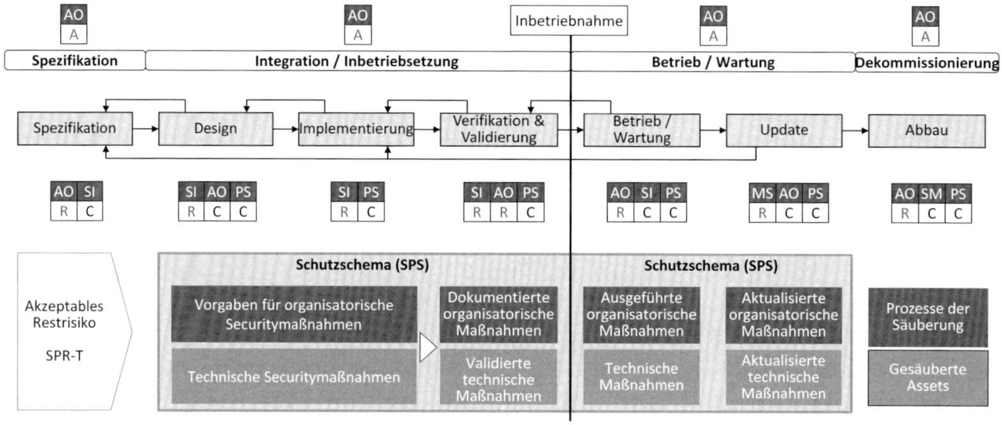

Bild 9.2 RACI-Modell der Rollen entlang der Implementierung eines ganzheitlichen Schutzschemas

In den folgenden Abschnitten werden die Prozessschritte, Eingangsinformationen und Ergebnisse in jeder Phase des IACS-Lebenszyklus beschrieben.

9.1 Spezifikation

In der Spezifikationsphase werden die Betriebsbedingungen des IACS und die erforderlichen Schutzlevel festgelegt sowie eine erste Aufteilung der Automatisierungslösung in Zonen und Conduits vorgenommen. Daraus wird die erste Version des Cybersecurity-Pflichtenhefts (*Cybersecurity Requirements Specification, CRS*) des ganzheitlichen Schutzschemas erstellt. Die Aktivitäten der Phasen Spezifikation und Design basieren auf den Prozesseschritten von IEC 62443-3-2 [10]. Die Spezifikationsaktivitäten gehen fließend in Designaktivitäten über, die wiederum einen Einfluss auf die Spezifikation haben. Zum Beispiel ist die Aufteilung in Zonen und Conduits schon eine erste Designaktivität. Es können mehrere iterative Zyklen und zum Teil parallele Aktivitäten zwischen den Spezifikations- und Designphasen stattfinden.

Die Rolle AO spezifiziert die Betriebsbedingungen des IACS, insbesondere Performance, Verfügbarkeit, finanzielle Randbedingungen oder rechtliche und regulatorische Auflagen. Der AO muss auch die Security-relevanten Informationen über die Umgebung des IACS, insbesondere den Schutz, der von der umgebende IT/OT-Infrastruktur zu erwarten ist, dokumentieren. Diese Informationen sind besonders wichtig, wenn es um die Gruppierung von Assets mit gemeinsamen

Securityanforderungen in Zonen geht. Die Gruppierung wird aus der initialen Risikobewertung ermittelt auf Basis von Kriterien, wie z. B.:

- Kritikalität der Assets
- Operative Funktionen
- Örtliche und logische Lage
- Erforderlicher physikalischer Zugang
- Zuständige Organisation

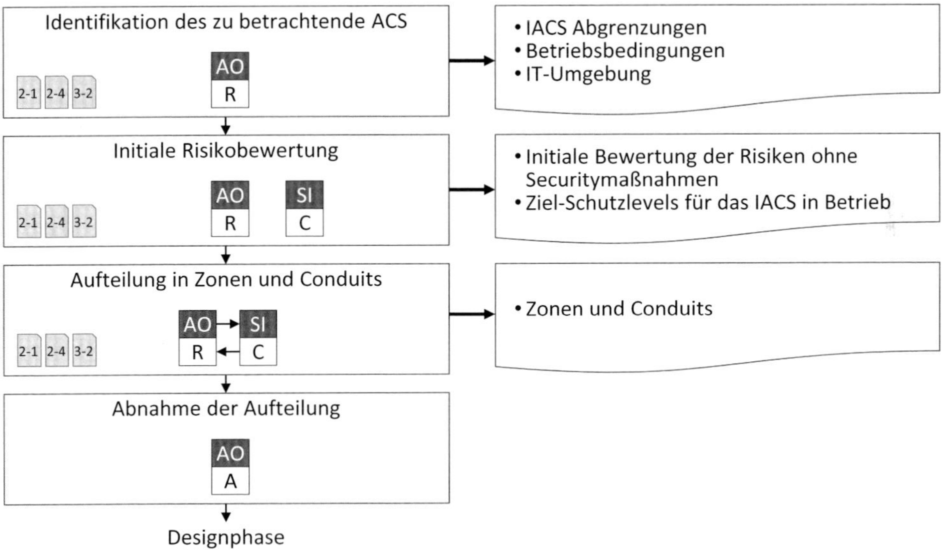

Bild 9.3 Prozessschritte und Aktivitäten in der Spezifikationsphase

Die Gesamtverantwortung liegt bei der Rolle AO. Die Rolle SI (die für die Designphase hauptverantwortlich sein wird) sollte mit technischer Expertise beitragen, um die Ergebnisse im Hinblick auf Kosten-Nutzen Aspekte zu optimieren.

Der AO in seiner Rolle als Geschäftsverantwortlicher ist haftbar für das IACS und muss die Ergebnisse der Spezifikationsphase abnehmen.

Die Ergebnisse dieser Phase sind insbesondere:

- Abgrenzungen des IACS
- Schutz, der von der umgebenden IT/OT-Infrastruktur zu erwarten ist
- Tolerables Restrisiko
- Ziel Schutzlevels SPR-T für das IACS in Betrieb
- Aufteilung in Zonen und Conduits

- Für jede Zone:
  - Funktionale Anforderungen
  - Performance-Anforderungen
  - Auswirkung im Falle eines Missbrauchs
  - Datenflüsse

Prozessschritt „Identifikation des zu betrachtenden IACS"

Tabelle 9.1 Ziele, Eingangs- und Ausgangsinformationen des Prozessschritts „Identifikation des zu betrachtenden IACS"

Ziele	Eingangsinformation	Ausgangsinformation	62443-
• IACS-Abgrenzungen • Schutzbeitrag der umgebenden IT/OT-Infrastruktur spezifizieren und dokumentieren	• Bestandsaufnahme des Systems • Initiale Architekturdiagramme • Netzwerkdiagramme • Datenflüsse • etc.	• IACS-Abgrenzungen • Neue oder aktualisierte Architekturdiagramme einschließlich der externen Dienstleistungen • Bestandsaufnahme • Schutz aus der umgebenden IT/OT-Infrastruktur • Physischer Zugangsschutz • etc.	2-1 3-2 2-4

Die Rolle AO verantwortet diesen Prozessschritt. Für ein neues Projekt können sich die Architekturdiagramme und die Bestandsaufnahme auf eine erste grobe Aufteilung des IACS reduzieren („was gehört dazu, was ist extern").

Die Maßnahmen der umgebende IT/OT-Infrastruktur, die zur Defense-in-Depth beitragen, sollten möglichst detailliert beschrieben werden, insbesondere:

- Netzwerkdiagramme
- Securitymaßnahmen der umgebende IT/OT-Infrastruktur
- Security-Richtlinien der Organisation
- Datenflüsse von und zum IACS
- Externe Dienstleistungen
- etc.

Der Zugangsschutz schließt alle Maßnahmen des physischen Zugangs von Personen auf die Assets.

Prozessschritt „Initiale Risikobewertung"

Tabelle 9.2 Ziele, Eingangs- und Ausgangsinformationen des Prozessschritts „Initiale Risikobewertung"

Ziele	Eingangsinformation	Ausgangsinformation	62443-
• Security-Risiken ohne Securitymaßnahmen bewerten • Ziel Schutzlevels SPR-T für das IACS in Betrieb, abgestimmt zu dem tolerablen Restrisiko festlegen	• IACS-Abgrenzungen • Architekturdiagramme • Externen Dienstleistungen • Schutz aus der umgebenden IT/OT-Infrastruktur • Physischer Zugangsschutz • Operative Bedingungen, insbesondere Performance, Verfügbarkeit, finanzielle Randbedingungen oder rechtliche und regulatorische Auflagen • Vorhandene Gefährdungsanalysen, Risikobewertungen und Risikomatrizen • etc.	• Initiale Bewertung der Risiken ohne Securitymaßnahmen • Ziel Schutzlevels SPR-T für das IACS in Betrieb	2-1 3-2 2-4

Zur Bewertung der Risiken ist die die Auswirkung eines Missbrauchs des IACS auf das Geschäft des Betreibers maßgebend. Der Unterschied zwischen initialem Risiko und tolerablem Restrisiko dient zur Festlegung der Schutzziele, die durch ein ganzheitliches Schutzschema zu erreichen sind. Es ist von Vorteil diese Aktivitäten gemeinsam durch die Rollen AO und SI durchzuführen.

Prozessschritt „Aufteilung in Zonen und Conduits"

Tabelle 9.3 Ziele, Eingangs- und Ausgangsinformationen des Prozessschritts „Aufteilung in Zonen und Conduits"

Ziele	Eingangsinformation	Ausgangsinformation	62443-
• Automatisierungslösung in Zonen und Conduits aufteilen	• Initiale Bewertung der Risiken ohne Securitymaßnahmen • Ziel-Schutzlevels SPR-T für das IACS in Betrieb • Tolerables Restrisiko • IACS-Abgrenzungen • Architekturdiagramme und externen Dienstleistungen • Schutz aus der umgebenden IT/OT-Infrastruktur • Physischer Zugangsschutz • Operative Bedingungen • Vorhandene Gefährdungsanalysen, Risikobewertungen, Risikomatrizen • Standards und bewährte Methoden • Produkthersteller-Anleitungen • etc.	• Initiale oder überarbeitete Aufteilung in Zonen und Conduits • Aktualisierte Architekturdiagramme und externen Dienstleistungen • Für jede Zone: • Anforderungen an Funktionalität und Performance • Auswirkung im Falle eines Missbrauchs • Datenflüsse	2-1 3-2 2-4

In diesem Prozessschritt werden die Assets mit gemeinsamen Securityanforderungen identifiziert. Die Aufteilung hat Auswirkung auf Kosten und Performance. Die Aktivitäten zur Entwicklung des Pflichtenhefts des ganzheitlichen Schutzkonzepts sollten daher in enger Abstimmung zwischen der Rollen AO und SI durchgeführt werden.

9.2 Design

Diese Phase hat zum Ziel, technische und organisatorische Securitymaßnahmen auszulegen. Die Rolle SI ist für die Aktivitäten verantwortlich.

Bevor mit dem Design begonnen wird, sollte ein Vergleich zwischen initialem und tolerablen Restrisiko durchgeführt werden. Ist das initiale Restrisiko unter dem tolerablen Restrisiko, sind keine weiteren Securitymaßnahmen erforderlich und die Aktivitäten beschränken sich auf das Dokumentieren der initialen Securitymaßnahmen in dem Cybersecurity-Pflichtenheft (CRS). Zu bemerken ist, dass das Dokumentieren des CRS eine Spezifikationsaktivität ist, was die iterative Natur des Lebenszyklus unterstreicht.

Die Prozessschritte basieren auf diejenigen der IEC 62443-3-2 [10], siehe dazu der detaillierte Arbeitsprozess in A1.3, in dem SL-T durch SPR-T zu ersetzen ist. Beim Design der Securitymaßnahmen für eine Zone kann eine erste Bewertung der erfüllbaren System-Securityanforderungen gemacht werden, unter der Annahme, dass die vorgegebenen organisatorischen Maßnahmen zuverlässig durchgeführt werden.

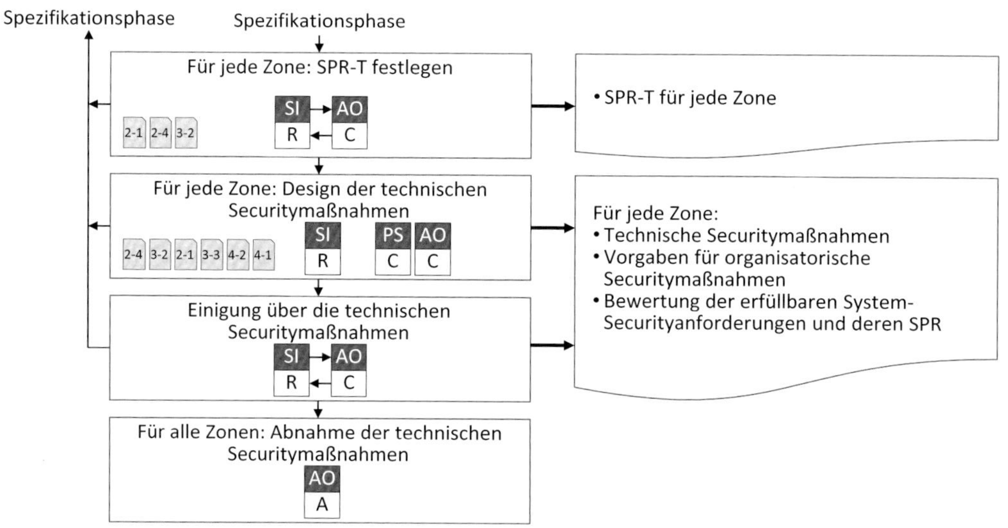

Bild 9.4 Prozessschritte und Aktivitäten in der Designphase

Der SI entwickelt und dokumentiert für jede Zone die technischen Securitymaßnahmen, um die Liste der gewünschten System-Securityanforderungen nach IEC 62443-3-3 [11] und deren Zuordnung zu den Levels zu erfüllen. Er wird die Securityfunktionen der eingesetzten Produkte konfigurieren und ggf. zusätzlich kompensieren Securitymaßnahmen entwickeln, um die gewünschten System-Securityanforderungen zu erfüllen. Die kompensierenden Maßnahmen können technisch sein, z. B. durch Hinzufügen einer externen Firewall, oder rein organisatorisch, z. B. durch Registrieren der Personen, die sich in der Leitwache befinden. Der SI bewertet, welche der gewünschten System-Securityanforderungen erfüllt werden können und die entsprechenden SPR ableiten.

Der SI erstellt Anleitungen für organisatorische Securitymaßnahmen, die während des Betriebs als Ergänzung zu den technischen Maßnahmen erforderlich sind. Diese beinhalten auch ggf. die kompensierende organisatorische Securitymaßnahmen. Die Bewertung des System-Securityanforderungen, die erfüllt werden können und deren SPR-Werte gibt einen Hinweis auf den Schutz, der während des Betriebs erwartet werden kann.

Obwohl die Verantwortung der Designaktivitäten beim SI liegt, sind die Beiträge der Rollen PS und AO essenziell. Die Optimierung des Designs erfordert, dass der PS alle Informationen zur Integration der Produkte zur Verfügung stellt. Produkthersteller, die konform zu IEC 62443-4-1 [12] sind müssen folgende Anwenderdokumentation erstellen:

- Security-Fähigkeiten des Produkts, die Erfüllung von Anforderungen von IEC 62443-3-3 [11] oder IEC 62443-4-2 [13] ermöglichen
- Technische und/oder organisatorische kompensierende Maßnahmen, die erforderlich sind, um die behaupteten SL-C des Produkts in einer Lösung zu implementieren
- Geplanter Einsatz des Produkts
- Geplante Security-Umgebung und Defense-in-Depth Securitymaßnahmen, die von der geplanten Umgebung und dem geplanten Einsatz erwartet werden
- Anleitung zur Härtung des Produkts während der Installation und der Wartung
- Anleitung zum sicheren De-Installieren des Produkts
- Verantwortungen und Nutzeraktivitäten der Betreiber des Produkts, einschließlich der Administratoren
- Anleitung für das Verwalten von Nutzer-Accounts

IEC 62443-4-1 [12] schreibt vor, dass der Produkthersteller die Behandlung von Angriffsmöglichkeiten unterstützt, die während der Vermarktung des Produkts entdeckt werden. Er muss Prozesse etablieren und betreiben, um Schwachstellen zu behandeln, auf Security-Ereignissen zu reagieren und Patches zur Verfügung zu stellen. Falls eine Schwachstelle in einem Produkt entdeckt wird, muss der Produkthersteller Informationen über die Schwachstelle bereitstellen und

- Anleitungen zur Behandlung des Security-Ereignisses,
- ggf. Anleitungen für Umgehungslösungen oder,
- wenn erforderlich, Software-Updates und Patches

zur Verfügung stellen.

Eine enge Kooperation zwischen SI und AO ist sehr empfehlenswert, um den Satz technischer und organisatorischer Securitymaßnahmen in Bezug auf Kosten und Nutzen zu optimieren. Der AO ist zuständig für die Vorgabe der operativen und geschäftlichen Bedingungen und muss die gewünschten Schutzlevels auf Basis der für ihn relevanten Risiken definieren. Der AO muss auch die Schutzmaßnahmen der IT/OT Umgebung beschreiben, die auf das Schutzkonzept des IACS wirken. Des Weiteren ist der AO direkt von den festgelegten organisatorischen Securitymaßnahmen betroffen, da diese unter seiner Verantwortung zu betreiben sind. Der AO ist haftbar für das IACS und muss das Design des Schutzschemas abnehmen.

Eine Automatisierungslösung schließt oft mehrere Zonen ein. Die Securitymaßnahmen können spezifische für eine bestimmte Zone sein, auf mehrere Zonen oder auf die gesamte Automatisierungslösung wirken. Für jede Securitymaßnahme sollte bewertet werden, ob sie nur auf die betrachtete Zone oder auf weitere Zonen wirkt. Zum Beispiel, trägt eine Front-End Firewall zum Schutz aller Zonen der Automatisierungslösung bei. Auch die organisatorischen Securitymaßnahmen wirken oft auf mehrere Zonen. Zum Beispiel werden die gleichen Backup-Prozesses für alle Assets der Automatisierungslösung angewendet.

Das Ergebnis der Designphase ist für jede Zone:

- Ein Satz technischer Securitymaßnahmen
- Anleitungen für die dazugehörigen organisatorischen Securitymaßnahmen
- Eine Bewertung der erfüllbaren System-Securityanforderungen und deren Levels, unter der Annahme einer zuverlässigen Ausführung der organisatorischen Maßnahmen

Prozessschritt „Für jede Zone: Ziel-SPR (SPR-T) festlegen“

Tabelle 9.4 Ziele, Eingangs- und Ausgangsinformationen des Prozessschritts „Für jede Zone: Ziel-SPR (SPR-T) festlegen“

Ziele	Eingangsinformation	Ausgangsinformation	62443-
Für jede Zone: • Ziel-Schutzlevels SPR-T festlegen	• Historische Daten und Quellen für Bedrohungen • Schwachstellenbewertung von früheren Audits und Schwachstellen-Datenbanken • Vorhandene Gefährdungsanalysen, Risikobewertungen und Risikomatrizen • Liste der Bedrohungen und Schwachstellen • Schutzziele • Architekturdiagramme und externen Dienstleistungen • Schutzmaßnahmen der IT/OT-Umgebung • Physischer Zugangsschutz • Für jede Zone: • Anforderungen an Funktionalität und Performance • Auswirkung im Falle eines Missbrauchs • Tolerables Restrisiko • etc.	• Aktualisierte Architekturdiagramme und externen Dienstleistungen • Für jede Zone: • Ziel Schutzlevels SPR-T	2-1 3-2 2-4

Die Festlegung der Werte des Ziel-SPR (SPR-T) ist der erste Schritt für die Auslegung der Securitymaßnahmen für jede Zone. Die Verantwortung der Aktivitäten liegt beim SI in Kooperation mit dem AO. Eine Liste der Bedrohungen wird erstellt und die bekannten Schwachstellen der Assets der Zone werden analysiert. Für jedes Bedrohungsszenario wird die Eintrittswahrscheinlichkeit und die Auswirkung ermittelt. SPR-T ist das Schutzziel, das während des Betriebs zu erreichen ist, basierend auf das tolerable Restrisiko für die Zone.

Das folgende Bild zeigt die Verwendung von SPR in der Risikoreduzierung. Firmen haben in der Regel ihre eigenen Risikomatrizen. In Bild 9.5 wurde bewusst keine Einteilung der Felder der Matrix dargestellt, um firmenspezifische Interpretationen zu vermeiden. In jedem Programmelement (SPE, bzw. sub-SPE) wird das der Zielwert eingetragen und die Securitymaßnahmen zur Risikoreduzierung festgelegt. Das Bild zeigt ein Beispiel mit SPR-T = 3.

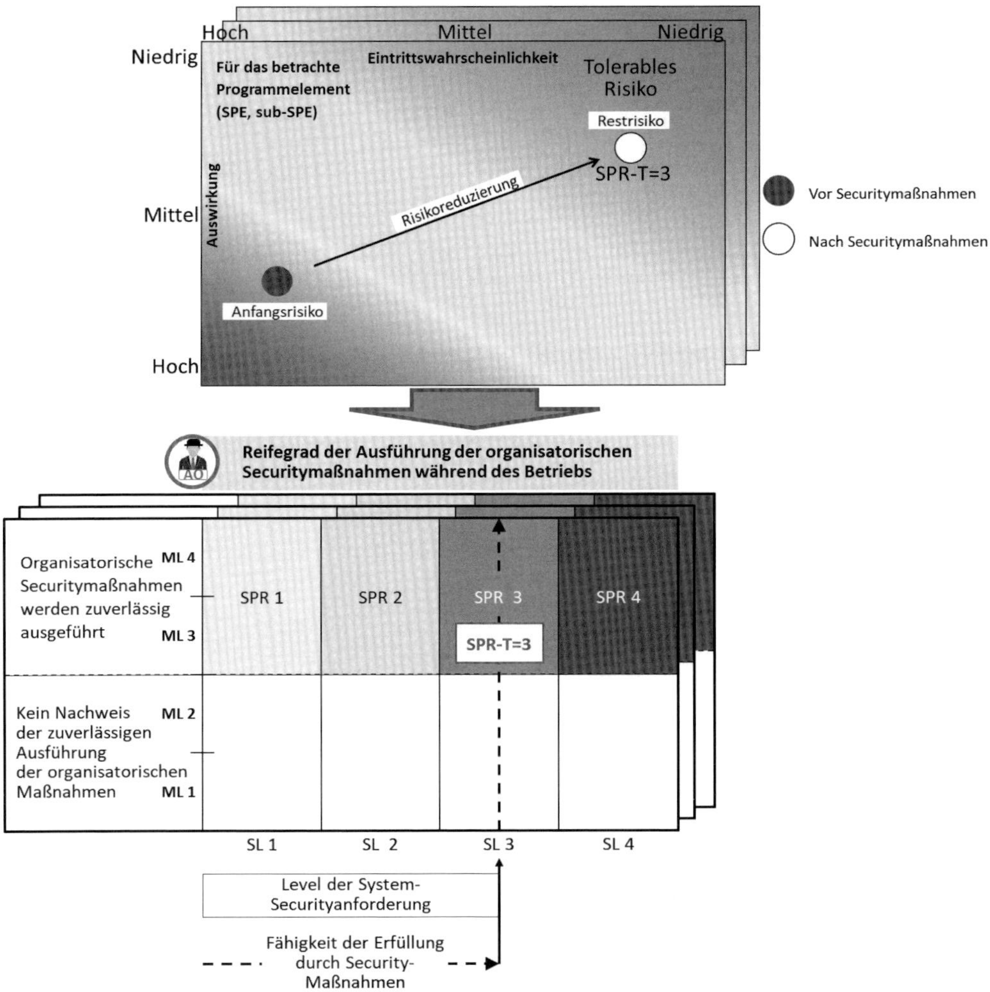

Bild 9.5 Verwendung von SPR bei der Analyse der Risikoreduzierung

Prozessschritt „Für jede Zone: Design der technischen und organisatorischen Securitymaßnahmen"

Tabelle 9.5 Ziele, Eingangs- und Ausgangsinformationen des Prozessschritts „Für jede Zone: Design der technischen und organisatorischen Securitymaßnahmen"

Ziele	Eingangsinformation	Ausgangsinformation	62443-
Für jede Zone: • Technische und organisatorische Securitymaßnahmen entwickeln und dokumentieren • Anleitungen für organisatorische Securitymaßnahmen generieren	• Ziel Schutzlevels SPR-T • Aktualisierte Architekturdiagramme und externen Dienstleistungen • Operative und finanzielle Anforderungen • Datenflüsse • Vorhandene Gefährdungsanalysen, Risikobewertungen und Risikomatrizen • Standards und bewährte Verfahren • Firmenrichtlinien • Integrations- und Härtungsanleitungen der Produkthersteller • Securityfunktionen der eingesetzten Produkte • etc.	• Aktualisierte Architekturdiagramme und externen Dienstleistungen • Für jede Zone: • Technische Securitymaßnahmen • Anleitungen für dazugehörige organisatorische Securitymaßnahmen • Datenflüsse zu- und von der Zone • Bewertung der erreichbaren SPR-Werte	2-1 3-2 2-4 3-3 4-1 4-2

Der nächste Schritt bezieht sich auf das Design der technischen und organisatorischen Securitymaßnahmen für jede Zone. Der SI legt die Securitymaßnahmen aus, um die System-Securityanforderungen von IEC 62443-3-3 [11] zu erfüllen, die den SPR-T zugeordnet sind. Der SI wird die Integrations- und Härtungsanleitungen der Produkthersteller verwenden, um die Securityfunktionen der Produkte zu konfigurieren und, falls erforderlich, kompensierende technische und/oder organisatorische Maßnahmen designen. Der SI ist auch verantwortlich, Anleitungen für die organisatorischen Securitymaßnahmen zu generieren. Diese betreffen sowohl diejenigen, die zu den technischen Securitymaßnahmen gehören, als auch die eventuellen kompensierenden organisatorischen Maßnahmen. Schließlich wird der SI die SPR-Werte bewerten, die durch den Satz der Securitymaßnahmen erreichbar sind.

System-Securityanforderungen können durch verschiedene Kombination von technischen und organisatorischen Securitymaßnahmen erfüllt werden. Eine Kooperation zwischen SI und AO ist sehr wichtig, um die beste Auswahl unter Berücksichtigung von Kosten, Nutzen, Komplexität und Benutzerfreundlichkeit zu treffen. Es ist oft ein iterativer Prozess, der eventuell eine neue Bewertung des tolerablen Risikos erfordert. SI und AO müssen sich über den festgelegten Satz technischer und organisatorischer Securitymaßnahmen und die erreichbaren SPR-Werte für jede Zone einigen.

Der AO in seiner Rolle als Geschäftsverantwortlicher ist haftbar für das IACS und muss die abgestimmten technischen und organisatorische Securitymaßnahmen abnehmen.

In Anlehnung an Bild 9.5 zeigt Bild 9.6 die Verwendung von SPR in einem iterativen Designprozess.

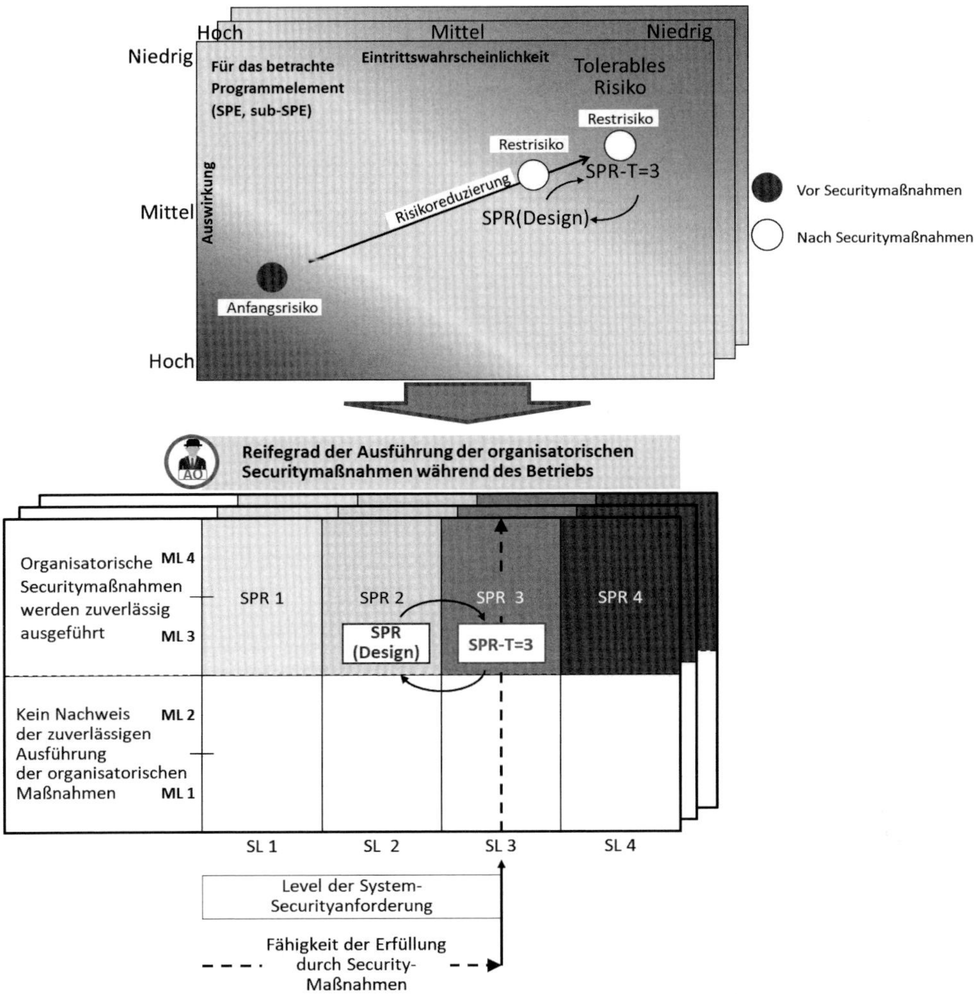

Bild 9.6 Verwendung von SPR in einem iterativen Designprozess

Alle Assets sollten einer Zone zugeordnet werden und die Zonen sollten durch ihre Eigenschaften dokumentiert werden, insbesondere:

- Name und/oder eindeutige Kennung
- Logische Grenze
- Ggf. physische Grenze
- Physische und logische Zugriffspunkte und derer Grenzkomponenten
- Eingangs- und Ausgangsdatenflüsse jedes Zugriffspunkts
- Verbundene Zonen
- Liste der Assets
- Annahmen über die Bedrohungen

- Externe Abhängigkeiten
- Technische Securitymaßnahmen
- Anleitungen für die organisatorischen Securitymaßnahmen
- Ziel-SPR-Werte und Bewertung der SPR-Werte, die durch das Design erreicht werden können

9.3 Implementierung

In dieser Phase werden die technischen Securitymaßnahmen umgesetzt und getestet. Bei einem neuen Projekt hat der SI die Verantwortung, folgt die Phase der Updatephase verantwortet die Rolle MS die Aktivitäten. Es erfolgt die Implementierung und der Test der Netzwerkarchitektur, die Konfiguration der Securityfunktionen der eingesetzten Produkte und die Umsetzung der kompensierenden technischen Securitymaßnahmen. Bei kompensierenden organisatorischen Securitymaßnahmen sollte die Wirksamkeit dessen Durchführung ebenfalls getestet werden. Falls erforderlich, sollten auf Basis der Prozesse der Produkthersteller Schwachstellen behoben bzw. Patches eingespielt werden.

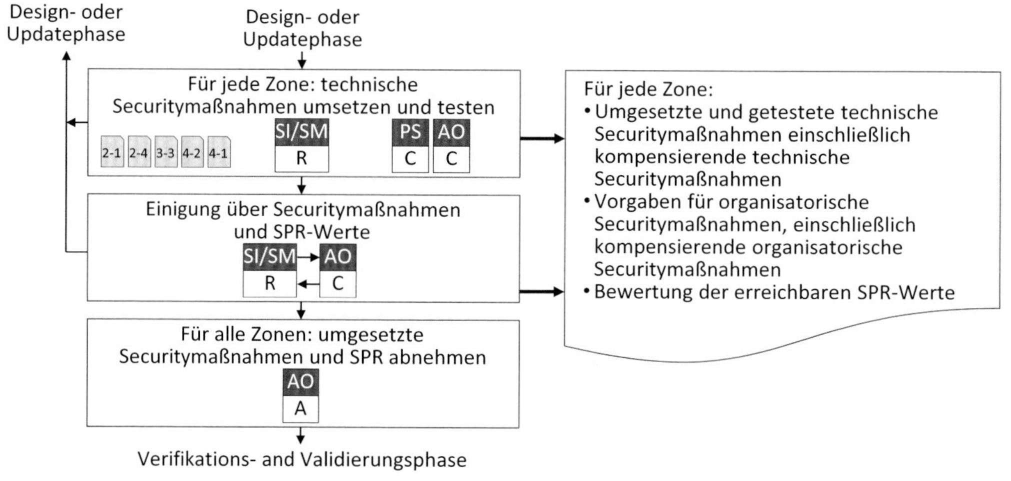

Bild 9.7 Prozessschritte und Aktivitäten in der Implementierungsphase

Während der Umsetzung kann festgestellt werden, dass das Design der technischen Securitymaßnahmen und die Anleitungen für die organisatorischen Securitymaßnahmen angepasst werden müssen. Dies kann eventuell dazu führen, dass die erreichbaren SPR-Werte sich verändern. Auch hier ist eine enge Kooperation zwischen SI, bzw. MS und AO wichtig, um eine Einigung zu erzielen unter Berücksichtigung von Kosten, Nutzen Komplexität und Benutzerfreundlichkeit.

Der AO in seiner Rolle als Geschäftsverantwortlicher ist haftbar für das IACS und muss die umgesetzten technischen und organisatorische Securitymaßnahmen und die Bewertung der erreichbaren SPR-Werte für jede Zone abnehmen.

Prozessschritt „Für jede Zone: Securitymaßnahmen implementieren"

Tabelle 9.6 Ziele, Eingangs- und Ausgangsinformationen des Prozessschritts „Für jede Zone: Securitymaßnahmen implementieren"

Ziele	Eingangsinformation	Ausgangsinformation	62443-
• Technische Securitymaßnahmen umsetzen und testen • Falls erforderlich, Anleitungen für organisatorische Maßnahmen aktualisieren	• Architekturdiagramme und externen Dienstleistungen • Für jede Zone: • Design der technische Securitymaßnahmen, einschließlich der kompensierenden technische Securitymaßnahmen • Anleitungen für dazugehörige organisatorische Securitymaßnahmen • Datenflüsse zu- und von der Zone • Bewertung der erreichbaren SPR-Werte • Integrations- und Härtungsanleitungen der Produkthersteller • Securityfunktionen der eingesetzten Produkte • Herstellerprozesse bezüglich Schwachstellenmanagement • etc.	• Aktualisierte Architekturdiagramme und externen Dienstleistungen • Für jede Zone: • Umgesetzte und getestete technische Securitymaßnahmen, einschließlich der kompensierenden technische Securitymaßnahmen • Anleitungen für dazugehörige organisatorische Securitymaßnahmen und kompensierende organisatorische Securitymaßnahmen • Datenflüsse zu- und von der Zone • Bewertung der erreichbaren SPR-Werte	2-1 3-2 2-4 3-3 4-1 4-2

9.4 Verifikation und Validierung

In dieser Phase werden die Securitymaßnahmen des SPS als Bestandteil der Inbetriebnahme des IACS verifiziert und validiert. Es erfolgt eine letzte Bewertung der System-Securityanforderungen, die während des Betriebs erfüllt werden können. Die Aktivitäten finden oft im Rahmen der Vorort-Abnahme statt.

Bei einer Neuanlage ist der SI verantwortlich, die implementierten technischen Securitymaßnahmen zu kommissionieren und in Betrieb zunehmen. In Fall eines Updates ist die Rolle MS in der Verantwortung. Die Securitymaßnahmen werden unter realen Bedingungen umgesetzt und ggf. findet eine letzte Schwachstellenbehebung statt. Der AO muss spätestens in dieser Phase die Richtlinien und Prozesse der organisatorischen Securitymaßnahmen erstellen, die während des Betriebs zu praktizieren sind. Das Betriebspersonal muss entsprechend geschult werden. Die Verifikation und Validierung erfolgt in enger Kooperation zwischen SI bzw. MS und AO und sollte die SPR-Werte, die während des Betriebs erreicht werden können, validieren. Es ist eine geteilte Verantwortung mit klar abgegrenzten Inhalten: SI, bzw. MS ist verantwortlich, den Nachweis der Wirksamkeit der technischen Securitymaßnahmen zu erbringen, während der AO für die Validierung der organisatorischen Maßnahmen zuständig ist. Die Validierung findet oft im Rahmen eines Trockenlaufs des IACS statt.

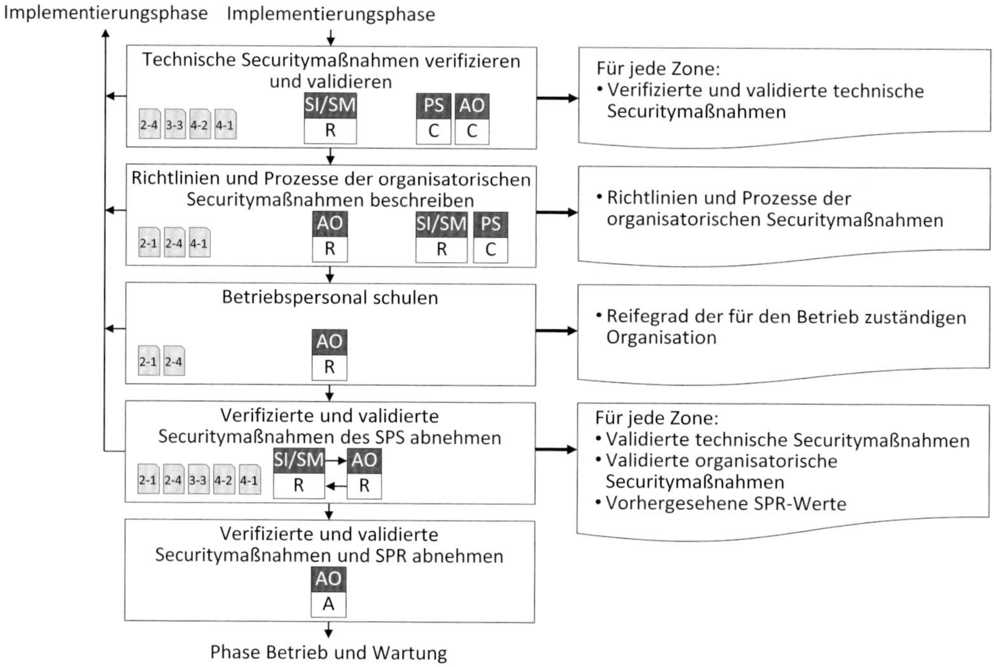

Bild 9.8 Prozessschritte und Aktivitäten in der Phase Verifikation und Validierung

Prozessschritt „Für jede Zone: Securitymaßnahmen verifizieren und validieren"

Für jede Zone werden:

- die technischen Securitymaßnahmen validiert,
- Richtlinien und Prozesse der organisatorischen Securitymaßnahmen beschrieben,
- das Betriebspersonal bezüglich der organisatorischen Securitymaßnahmen geschult,
- die Securitymaßnahmen im Zusammenspiel der technischen und organisatorischen Maßnahmen validiert,
- SPR-Werte, die während des Betriebs erreicht werden können, bewerten.

Die Aktivitäten dieser Phase können dazu führen, dass das Design der technischen Securitymaßnahmen und die Anleitungen für die organisatorischen Securitymaßnahmen angepasst werden müssen. Dies kann eventuell dazu führen, dass die erreichbaren SPR-Werte sich verändern. Auch hier ist eine enge Kooperation zwischen SI, bzw. MS und AO wichtig, um eine Einigung zu erzielen unter Berücksichtigung von Kosten, Nutzen Komplexität und Benutzerfreundlichkeit.

Tabelle 9.7 Ziele, Eingangs- und Ausgangsinformationen des Prozessschritts „Für jede Zone: Securitymaßnahmen verifizieren und validieren"

Ziele	Eingangsinformation	Ausgangsinformation	62443-
• IACS in Betrieb nehmen • Technische Securitymaßnahmen verifizieren und validieren • Organisatorische Securitymaßnahmen beschreiben und validieren • Wirksamkeit der Securitymaßnahmen für das IASC in Betrieb validieren • Betriebspersonal bezüglich organisatorischer Securitymaßnahmen schulen • SPR-Werte, die während des Betriebs erreicht werden können, bewerten	• Architekturdiagramme und externen Dienstleistungen • Für jede Zone: • Umgesetzte und getestete technische Securitymaßnahmen, einschließlich der kompensierenden technische Securitymaßnahmen • Anleitungen für dazugehörige organisatorische Securitymaßnahmen und kompensierende organisatorische Securitymaßnahmen • Datenflüsse zu- und von der Zone • Integrations- und Härtungsanleitungen der Produkthersteller • Securityfunktionen der eingesetzten Produkte • Herstellerprozesse bezüglich Schwachstellenmanagement • etc.	• Aktualisierte Architekturdiagramme und externen Dienstleistungen • Für jede Zone: • Verifizierte und validierte technische Securitymaßnahmen, einschließlich der kompensierenden technische Securitymaßnahmen • Richtlinien und Prozesse für dazugehörige organisatorische Securitymaßnahmen und kompensierende organisatorische Securitymaßnahmen • Datenflüsse zu- und von der Zone • Bewertung der SPR-Werte, die während des Betriebs erreicht werden können	2-1 3-2 2-4 3-3 4-1 4-2

Der AO in seiner Rolle als Geschäftsverantwortlicher ist haftbar für das IACS und muss die validierten technischen und organisatorische Securitymaßnahmen und die Bewertung der erreichbaren SPR-Werte für jede Zone abnehmen.

9.5 Betrieb und Wartung

Während des Betriebs muss sichergestellt werden, dass die Securitymaßnahmen stets wirksam sind. Dies setzt voraus, dass das Betriebspersonal die organisatorische Securitymaßnahmen zuverlässig betreibt und pflegt. Die für die Securitymaßnahmen benötigten Daten, z. B. Virenpattern, Firewall-Regeln, Liste der zugelassenen Nutzer oder Backupdaten, müssen stets auf dem aktuellen Stand gehalten bleiben. Da die Betriebsphase oft viele Jahre dauert, muss immer wieder bewertet werden, ob die Securitymaßnahmen wirksam sind und die Ziel-SPR-Werte erreicht werden. Zum Beispiel können offene Verbindungen durch nicht gepflegte Firewall-Regeln eine deutliche Schwächung des Schutzes bewirken.

Die SPR-Werte widerspiegeln die Stärke des Schutzes, der durch die Securitymaßnahmen während des Betriebs erreicht werden kann. Der AO ist verantwortlich für die Durchführung der organisatorischen Securitymaßnahmen. Die für den Betrieb zuständige Organisation muss einen adäquaten Reifegrad nachweisen, um sicherzustellen, dass das Personal die Richtlinien und Prozesse der organisatorischen Securitymaßnahmen zuverlässig verfolgt und umsetzt. Dies gilt besonders für die kompensierenden organisatorischen Securitymaßnahmen, da diese allein die Erfüllung der System-Securityanforderungen sicherstellen.

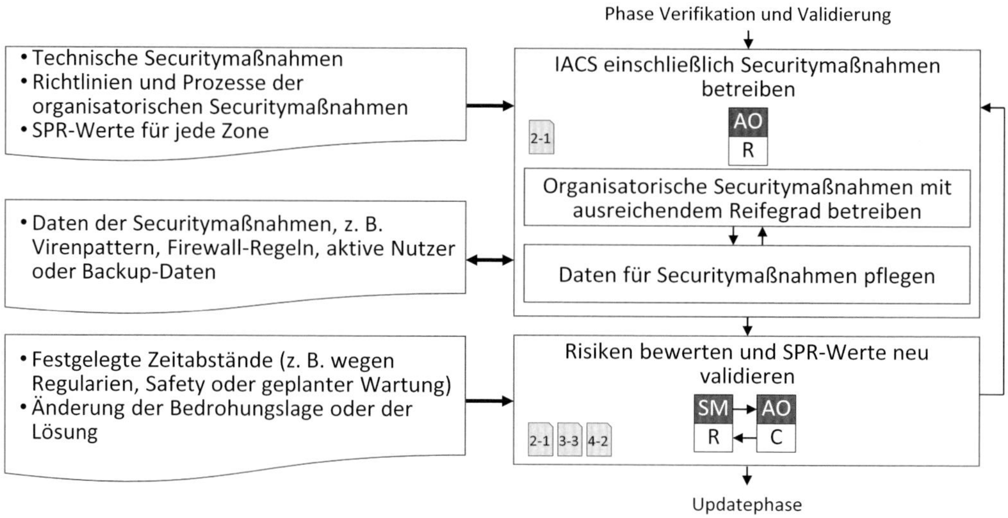

Bild 9.9 Prozessschritte und Aktivitäten in der Phase Betrieb und Wartung

Eine weitere Herausforderung stellt die Sicherstellung der Wirksamkeit der Securitymaßnahmen über die Zeit dar. Neue Bedrohungen können entstehen, z. B. durch Aufdecken einer neuen Schwachstelle, oder die Anlage muss aus betrieblichen Gründen geändert werden. Die Securitymaßnahmen müssen auf ihrer Wirksamkeit geprüft und neu validiert werden. Auch eine Routinemäßige Überprüfung ist sinnvoll, da die Zuverlässigkeit der Durchführung von Prozessen immer wieder neu bestätigt werden muss. Die Überprüfung sollte von dem AO angestoßen werden und gemeinsam durch die Rollen AO und MS erfolgen und zu einer der folgenden Entscheidungen führen:

- Fortführen des Betriebs, wenn die Securitymaßnahmen noch wirksam sind,
- Start einer Updatephase, wenn die Securitymaßnahmen überarbeitet werden müssen, um die Ziel SPR-Werte jeder Zone wieder zu erreichen.

9.6 Update

Die Updatephase hat zum Ziel, unter Berücksichtigung der Veränderungen, die zum Start des Updates geführt haben, die Securitymaßnahmen zu überarbeiten, um die Ziel SPR-Werte jeder Zone sollen wieder zu erfüllen.

Die Aktivitäten des MS sind vergleichbar mit denjenigen des SI in der Designphase. Der MS wird eine detaillierte Risikobewertung durchführen, um die technischen und/oder organisatorischen Securitymaßnahmen zu überarbeiten. Die Ziel SPR-Werte jeder Zone sollen wieder erfüllt werden können. Der PS muss durch Bereitstellung von Integrations- und Härtungsanleitungen sowie durch Prozesse zur Unterstützung von Schwachstellenbehebungen beitragen. Der Updatephase folgen die Phasen Implementierung, Verifikation und Validierung, bevor der Betrieb wieder aufgenommen wird.

Der AO in seiner Rolle als Geschäftsverantwortlicher ist haftbar für das IACS und muss die überarbeiteten technischen und organisatorische Securitymaßnahmen abnehmen.

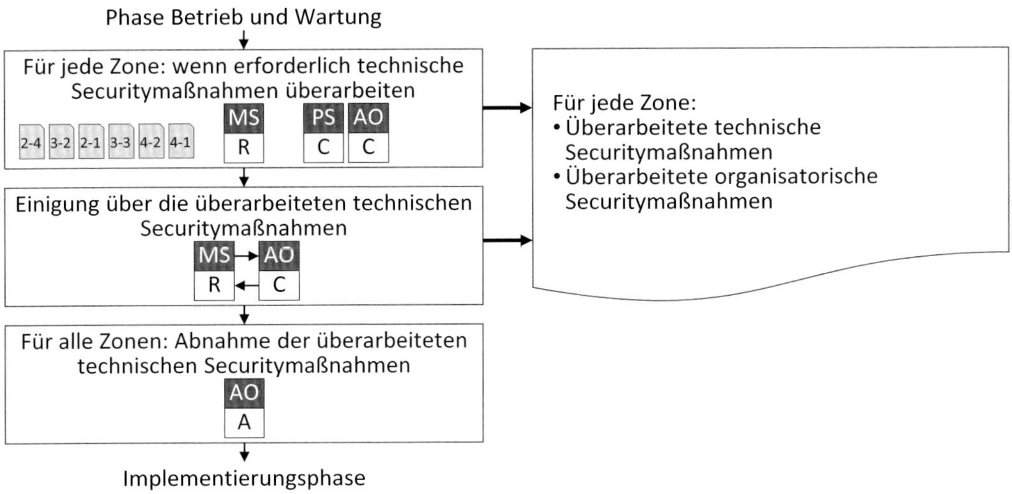

Bild 9.10 Prozessschritte und Aktivitäten in der Updatephase

9.7 Abbau

Diese Phase befasst sich mit der Behandlung der Assets, die außer Betrieb genommen wurden. Es muss vermieden werden, dass Daten, die in diesen Assets gespeichert sind, für den Missbrauch von Anlagen in Betrieb verwendet werden können. Die Aktivitäten beziehen sich hauptsächlich auf das aktive Entsorgen aller sensiblen Daten und die Erhaltung der SPR-Werte der Teile das IACS, die noch in Betrieb sind. Wenn erhebliche Teile der Anlage außer Betrieb genommen werden, ist ggf. ein neues Projekt mit allen bereits beschrieben Phasen erforderlich.

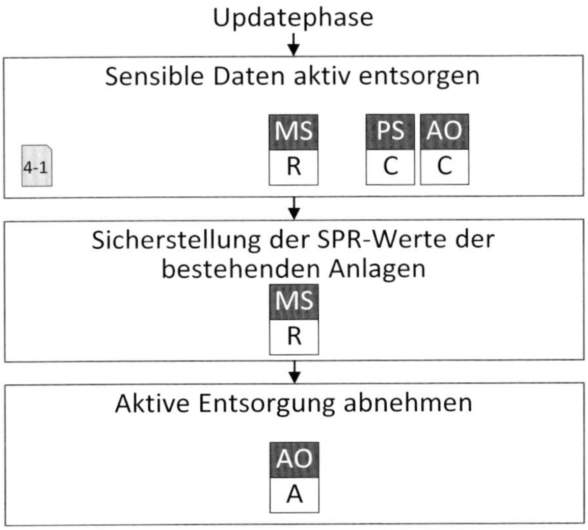

Bild 9.11 Prozessschritte und Aktivitäten in der Abbauphase

Die Rolle MS ist verantwortlich für die Durchführung der Abbauaktivitäten und das gezielte Entsorgen sensibler Daten. Der PS muss durch Bereitstellung von Anleitungen für das außer Betrieb nehmen seiner Produkte beitragen und der AO die operativen Bedingungen für die Abbauaktivitäten vorgeben. Der MS muss bewerten, ob die SPR-Werte der bestehenden Anlagen nach wie vor aufrecht erhalten bleiben.

10 Vorgehensweise zum Aufbau eines Schutzkonzepts

Bei der Etablierung von Sicherheitskonzepten sieht die Situation im Automatisierungsumfeld zum Teil anders aus als im Büroumfeld. Automatisierungsnetze abzusichern, stellt eine große Herausforderung dar, weil dies mit anderen wichtigen Anforderungen wie Leistungsfähigkeit, Verfügbarkeit und Benutzerfreundlichkeit kollidiert. Hinzu kommt, dass die Absicherung eines Netzwerks oder einer Anlage ständige Aufmerksamkeit und Anpassungen erfordert und es nicht mit dem einmaligen Einrichten getan ist, wie es ansonsten beim Aufbau einer Automatisierungslösung üblich ist. Auch nach der Abnahme müssen Bedrohungen bewertet und ggf. mit Anpassungen und Updates reagiert werden, damit die Anlage auch sicher bleibt.

In dem vorliegenden Abschnitt wird eine Vorgehensweise beschrieben, die auf den Konzepten der IEC 62443 basiert. Fortschrittliche Firmen setzen bereits erfolgreich diese Konzepte um, etwa das Industrial Cybersecurity-Konzept von Siemens [15]. Das Ziel ist, die Risiken aus den Bedrohungen und Gefährdungen, denen industrielle Automatisierungsnetze ausgesetzt werden, zu minimieren und auch unter wirtschaftlichen Gesichtspunkten einen vertretbaren Schutz zu erreichen. Um für den Leser möglichst konkrete Lösungsvorschläge zu zeigen, wurde auf die in [15] dargestellten Beispiele zurückgegriffen.

10.1 Überblick

Wenn es um den Schutz der eigenen Betriebsstätten geht, ist es wichtig, ein vernünftiges Bewusstsein für die Risiken zu haben. Es ist jedoch ebenso wichtig, ein gesundes Vertrauen in die eigenen Sicherheitsvorkehrungen und die Zuverlässigkeit der Mitarbeiter setzen zu können. Zu wenig Sicherheit ist fahrlässig, zu viel Sicherheit ist unwirtschaftlich. In diesem Spannungsfeld sollte man mit dem richtigen Augenmaß bedarfsgerechte und angepasste Maßnahmen für industrielle Betriebsstätte implementieren.

Die Herausforderung besteht darin, Gefahrenpotenziale signifikant zu minimieren und hinreichende, aber auch bezahlbare Sicherheit in der industriellen Automation zu erreichen. Eine Standardlösung, die immer anwendbar ist, gibt es leider nicht, da jede Anlage individuelle Randbedingungen, Gefährdungen und Schutzziele besitzt. Aber es gibt bewährte Vorgehensweisen, bzw. eine überschaubare Anzahl von denkbaren Maßnahmen für ein effizientes Schutzkonzept, die betrachtet werden müssen. Wir haben gesehen, dass einzelne Sicherheitsmaßnahmen allein immer lückenhaft und damit unzureichend sind. Eine einzelne Maßnahme kann leichter umgangen werden als mehrere in Reihe. Hinzu kommt, dass vielfältigen Bedrohungen auch mit unterschiedlichen Maßnahmen entgegengetreten werden muss. Beispielsweise können Viren nicht effektiv mit Firewalls bekämpft werden und Zugriffsverletzungen nicht mit Virenscannern.

Das Konzept der tiefgestaffelten Verteidigung (Defense-in-Depth) hat auch gezeigt, dass technische Securitymaßnahmen allein nicht alle Schutzziele abdecken können, sodass begleitende und unterstützende organisatorische Maßnahmen unerlässlich sind. Somit kann nur ein Gesamtkonzept alle Risiken minimieren und wirkungsvollen Schutz bieten. Das Konzept soll eine Automatisierungsanlage sowohl rundum als auch in der Tiefe schützen. Das bedeutet einerseits, dass verschiedene sich ergänzende Schutzmechanismen vorhanden sind, um den unterschiedlichen Bedrohungen begegnen zu können (Rundumschutz), und andererseits, dass es mehrere Barrieren gibt, die von einem potenziellen Angreifer überwunden werden müssen.

Das Konzept beinhaltet als wesentliche Komponenten Anlagensicherheit, Netzwerksicherheit und Systemintegrität (Bild 10.1). Die erforderlichen, hier aufgezeigten Sicherheitsmaßnahmen sollen lückenlos ineinandergreifen, um einen umfassenden und verlässlichen Schutz einer Automatisierungsanlage zu erreichen.

Für den sicheren Betrieb einer Anlage können nur die Betreiber sorgen, aber Produkthersteller wie beispielsweise Siemens können dabei unterstützen, indem entsprechende Beratungsleistung und sicherheitstechnisch gehärtete Produkte mit Securityfunktionen zur Verfügung gestellt werden, damit die Schutzkonzepte auch tatsächlich umgesetzt werden können.

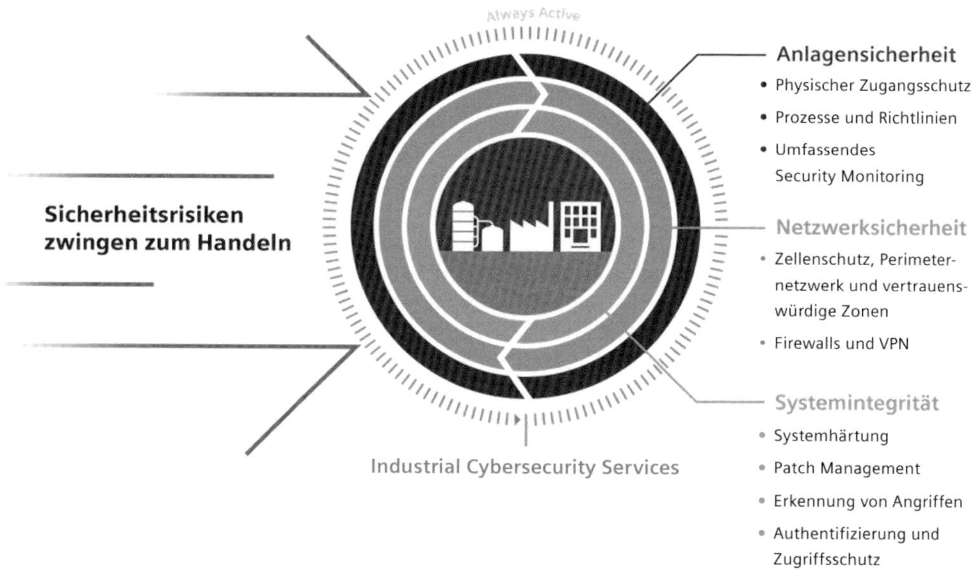

Bild 10.1 Defense-in-Depth-Konzept für industrielle Anlagen (*Quelle:* Siemens AG – White Paper 2022 – Cybersecurity for Industry)

10.2 Anlagensicherheit

Die Anlagensicherheit ist im Wesentlichen durch den Betreiber sicherzustellen. Sie schafft die Voraussetzungen, dass technische Maßnahmen der Security nicht anderweitig umgangen werden können. Dazu gehören physikalische Zugangsschutzmaßnahmen wie Zäune, Drehkreuze, Kameras oder Kartenlesegeräte sowie organisatorische Maßnahmen insbesondere ein Management-Prozess zur Security, der die Sicherheit einer Anlage auch dauerhaft gewährleistet.

Physischer Zugangsschutz

Eine Grundvoraussetzung für den Schutz einer Anlage ist, dass der Zugang zu der Automatisierungslösung nur für die autorisierten Personen gewährt wird. Der Betreiber muss Maßnahmen und Prozesse einführen, um den Zugang nicht autorisierter Personen zur Umgebung der Anlage zu verhindern. Insbesondere sind die physikalische Trennung unterschiedlicher Produktionsbereiche mit differenzierten Zugangsberechtigungen und der physikalische Zugangsschutz für kritische Automatisierungskomponente (z. B. durch sicher verschlossene Schaltschränke) sicherzustellen.

Die Richtlinien für Schutzmaßnahmen zum physischen Zugang haben auch Einfluss darauf, welche Maßnahmen der Security erforderlich sind und in welcher Stärke. Wenn beispielsweise zu einem Bereich von vornherein nur ausgesuchte berechtigte Personen Zugang haben, müssen die Netzzugangsschnittstellen oder Automatisierungssysteme nicht im gleichen Maß abgesichert werden, wie es bei öffentlich zugänglichen Bereichen der Fall wäre.

Management der Security

Ein unerlässlicher Bestandteil der Anlagensicherheit sind organisatorische Maßnahmen und die Einführung von Prozessen zur Security. Organisatorische Maßnahmen müssen mit den technischen Maßnahmen eng verzahnt sein und bedingen sich gegenseitig. Die meisten Schutzziele lassen sich auch nur durch eine Kombination beider Arten von Maßnahmen erreichen.

Zu den organisatorischen Maßnahmen gehört die Etablierung eines Management-Prozesses zur Security. Um fundiert entscheiden zu können, welche Maßnahmen sinnvoll sind, ist zunächst zu analysieren, welche Risiken konkret bestehen, die nicht toleriert werden können. Der im Abschnitt 5.3 beschriebene PDCA-Zyklus nach der Richtlinie VDI 2182 bietet hierfür eine gute Unterstützung. Sowohl die Eintrittswahrscheinlichkeit eines Risikos als auch die mögliche Schadenshöhe spielen eine Rolle. Werden Risikoanalyse und Ermittlung der Schutzziele vernachlässigt oder gar nicht durchgeführt, ist die Gefahr groß, dass unpassende, zu teure oder wirkungslose Maßnahmen getroffen werden und manche Angriffsmöglichkeiten nicht erkannt und nicht behoben werden.

Aus der Risikoanalyse ergeben sich dann Schutzziele, die als Basis für konkrete, organisatorische als auch technische Maßnahmen dienen. Die Maßnahmen müssen nach der Implementierung überprüft werden. Wie im Abschnitt 5.3 beschrieben, müssen die Risiken von Zeit zu Zeit oder wenn sich Änderungen ergeben haben, erneut bewertet werden, da sich die Bedrohungslage mittlerweile geändert haben könnte. Dann beginnt der Prozess wieder von vorne.

10.3 Netzwerksicherheit

Das zentrale Element des industriellen Schutzkonzepts ist die Netzwerksicherheit. Sie ist in der Regel durch den Systemintegrator sicherzustellen. Die Netzwerksicherheit beinhaltet den Schutz von Automatisierungsnetzen vor unbefugten Zugriffen und die Kontrolle aller Schnittstellen zu anderen Netzen, z. B. zum Büronetzwerk oder insbesondere den Fernwartungszugängen zum Internet. Zum Bereich der Netzwerksicherheit gehört darüber hinaus auch der Schutz der Kommunikation vor Abhören und Manipulation, d. h. die Verschlüsselung der Datenübertragung und Authentisierung der jeweiligen Kommunikationsteilnehmer.

Sicherung der Schnittstellen zwischen Unternehmens- und Produktionsnetz

Übergänge zu anderen Netzwerken können mittels Firewalls und ggf. Aufbau einer DMZ überwacht und geschützt werden. Der Ausdruck DMZ steht für demilitarisierte Zone und bedeutet sicherheitstechnisch abgeschirmte Zone. Die DMZ dient zur Bereitstellung von Daten für andere Netze, ohne direkten Zugang zum Automatisierungsnetz gewähren zu müssen. Üblicherweise ist eine DMZ so ausgelegt, dass davon auch kein Zugriff oder Verbindungsaufbau in das Automatisierungsnetz möglich ist, d. h. also, selbst wenn ein Rechner in der DMZ von einem Hacker übernommen worden ist, bleibt das Automatisierungsnetz weiterhin geschützt.

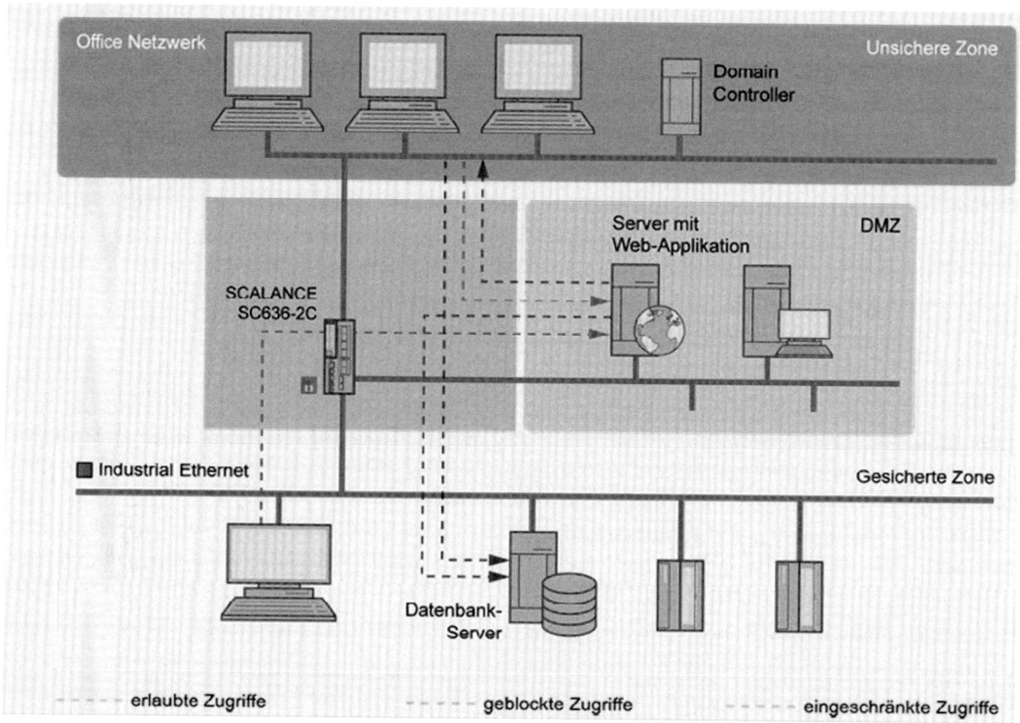

Bild 10.2 Einsatz einer „Demilitarisierten Zone“ für den Datenaustausch zwischen Unternehmens- und Produktionsnetzwerk (*Quelle:* Siemens AG – White Paper 2022 – Cybersecurity for Industry)

Netzsegmentierung und Zellenschutzkonzept

Die sicherheitstechnische Segmentierung des Anlagennetzwerks in einzelne geschützte Automatisierungszellen dient der weiteren Risikominimierung und Erhöhung der Sicherheit. Dabei werden Teile eines Netzwerks, z. B. ein IP-Subnetz, von einer Security-Appliance geschützt und dadurch das Netz sicherheitstechnisch segmentiert. Somit können Geräte innerhalb dieser „Zelle“ vor unbefugten Zugriffen von außen geschützt werden, ohne dabei die Echtzeitfähigkeit, Performance oder andere Funktionen zu beeinträchtigen.

Die Firewall kann nun den Zugriff auf die Zelle kontrollieren, wobei festgelegt werden kann, welche Netzteilnehmer miteinander und ggf. auch mit welchen Protokollen kommunizieren dürfen. Damit können nicht nur unbefugte Zugriffe unterbunden, sondern auch die Netz-Last reduziert werden, da nicht jede, sondern nur die gewollte und erforderliche Kommunikation passieren darf.

Die Aufteilung der Zellen und Zuordnung der Geräte erfolgt nach Kommunikations- und Schutzbedarf der Netzteilnehmer. Die Datenübertragung von und zu den Zellen kann zudem bei Bedarf mittels VPN von den Security Appliances verschlüsselt und so vor Datenspionage und Manipulation geschützt werden. Die Kommunikationsteilnehmer werden dabei authentifiziert und ggf. für die Zugriffe autorisiert. Beispielsweise kann mit den „Security Integrated"-Komponenten von Siemens, wie den SCALANCE S Security Appliances oder den Security CPs für die Automatisierungslösung, das Zellenschutzkonzept umgesetzt und die Kommunikation gesichert werden.

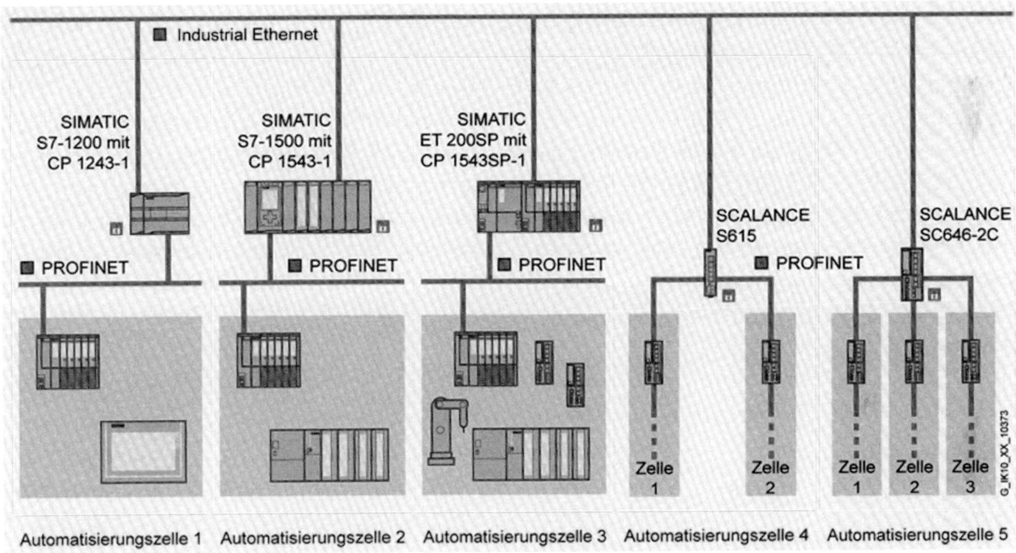

Bild 10.3 Netzwerksegmentierung und Zellenschutz mit speziellen Security-Komponenten (*Quelle:* Siemens AG – White Paper 2022 – Cybersecurity for Industry)

Sichere Fernzugriffe

Für Fernwartung oder Fernwirkungsanwendungen aber auch zur Überwachung von weltweit installierten Maschinen werden immer mehr Anlagen direkt über das Internet angebunden bzw. abgesetzte Anlagen über mobile Netze (GPRS, UMTS, LTE). Hier ist die Absicherung der Zugänge besonders wichtig. Mit Hilfe von Suchmaschinen, Portscannern oder automatischen Skripten können Hacker einfach und ohne großen Aufwand ungesicherte Zugänge finden. Hier gilt es die Authentifizierung der Kommunikationsteilnehmer, die Verschlüsselung der Datenübertragung und die Integrität der Daten sicherzustellen. Besonders dann, wenn es sich um Anlagen kritischer Infrastrukturen handelt. Das Eindringen unbefugter Personen, das Auslesen vertraulicher Daten und die Manipulation von Parametern oder von Steuerbefehlen können enormen Schaden anrichten, negative Auswirkungen auf die Umwelt haben und Menschen gefährden.

Als Schutzfunktionen haben sich hier besonders VPN-Mechanismen bewährt, die genau die Authentizität, Verschlüsselung und Schutz der Integrität zur Verfügung stellen. Die internetfähigen Security-Produkte von Siemens Industry unterstützen VPN und somit können Daten sicher über Internet oder mobile Netze übertragen und die Zugänge kontrolliert werden.

Bild 10.4 zeigt beispielsweise, wie Fernzugriffe mit Produkten von Siemens geschützt werden können. Normalerweise werden hierbei Geräte z. B. mittels Zertifikaten als vertrauenswürdige Kommunikationsteilnehmer authentifiziert und IP-Adressen oder DNS-Namen werden in den Firewall-Regeln verwendet, um Zugänge freizuschalten oder zu blockieren. Die VPN-Appliance und Firewall SCALANCE S bietet mit userspezifischen Firewall-Regeln darüber hinaus die Möglichkeit, Zugriffsrechte auch an Nutzern zu binden. Hier loggen sich Nutzer an einem Webinterface mit Namen und Passwort ein und jedem berechtigten User wird ein spezieller Firewall-Regelsatz zugeordnet und er kann so gemäß seiner Rechten zugreifen. Der Vorteil ist hier, dass auch ganz klar nachvollzogen werden kann, wer zu einem bestimmten Zeitpunkt zugegriffen hat.

Die SCALANCE S-Varianten mit mehr als zwei Ports bieten zudem einen Ausweg aus einem Dilemma, den sich Systemintegratoren, OEMs und Endanwender oft gegenübersehen. Einerseits sollen Maschinenbauer zu Wartungszwecken in der Lage sein, auf ihre Maschinen beim Endanwender zuzugreifen, aber andererseits möchte die IT des Endanwenders nur ungern Firmenfremde in das Netzwerk lassen, in dem die Maschine steht. Mit dem SCALANCE S623 kann die Maschine mit dem Anlagennetzwerk verbunden werden und mit dem dritten Port der Firewall mit dem Internet. Damit kann der Zugriff vom Internet aus auf die Maschine erlaubt, aber der Zugriff vom Internet aus auf das Anlagennetzwerk unterbunden werden. Der Servicetechniker kann vom Internet Fernwartungszugriffe auf die Maschine durchführen, hat aber keinen direkten Zugang zum Anlagennetzwerk.

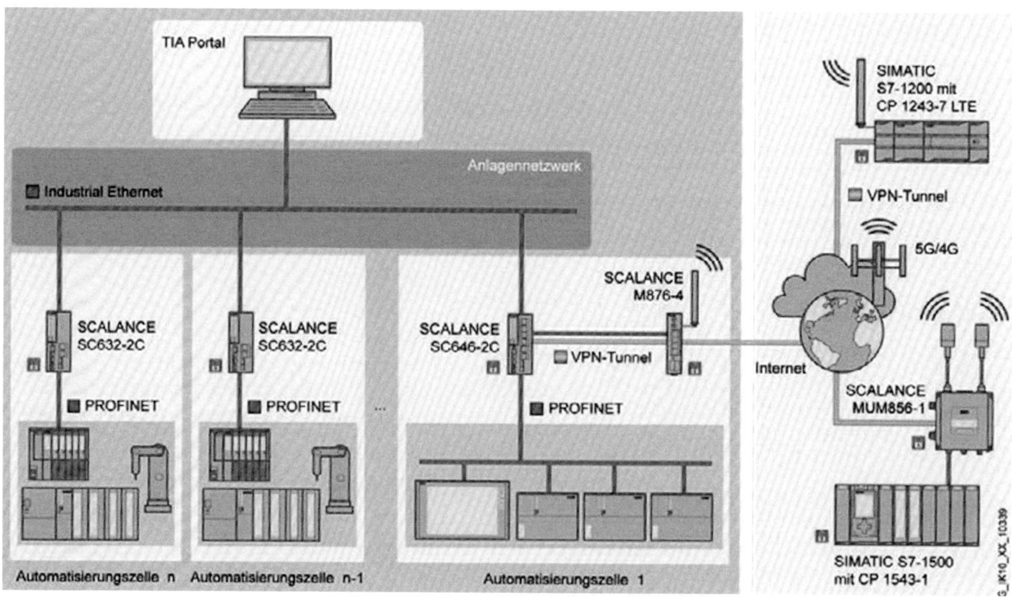

Bild 10.4 Sicherer Fernzugriff auf Anlagenteile ohne direkten Zugang zum Anlagennetzwerk (*Quelle:* Siemens AG – White Paper 2022 – Cybersecurity for Industry)

10.4 Systemintegrität

Als dritte tragende Säule eines ausgewogenen Schutzkonzepts ist die Sicherung der Systemintegrität zu sehen. Sie ist im Wesentlichen durch den Produkthersteller in den Eigenschaften der Produkte sicherzustellen. Hierbei sind Automatisierungssysteme und Steuerungskomponenten, SCADA- und HMI-Systeme gemeint, die gegen unbefugte Zugriffe und Malware geschützt werden oder spezielle Anforderungen wie Know-how-Schutz erfüllen müssen.

Schutz PC-basierter Systeme im Anlagennetz

Ebenso wie PC-Systeme in Büros gegen Schadsoftware geschützt werden und entdeckte Angriffsmöglichkeiten im Betriebssystem oder in der Anwendersoftware durch Updates mit Patches geschlossen werden müssen, bedürfen auch industrielle PCs und PC-basierte Steuerungssysteme im Anlagennetz entsprechender Securitymaßnahmen. Viele der im Büroumfeld bewährten Schutzsysteme können hier genauso eingesetzt werden, z. B. Virenscanner. Da Virenscanner nicht alle Viren erkennen können und gegen neue bis zur Aktualisierung der Virenpattern machtlos sind, sollten ggf. Alternativen überlegt werden – insbesondere da im Automatisierungsumfeld Software nicht immer zeitnah aktualisiert werden kann, wenn gerade kein Wartungsfenster zur Verfügung steht, z. B. bei 24/7-Betrieb.

Der Einsatz von sogenannter Whitelisting-Software ist eine Alternative zu Virenscannern. Whitelisting arbeitet mit Positivlisten, in denen der Benutzer festlegen kann, welche Prozesse bzw. Programme auf dem Rechner laufen dürfen. Versucht dann ein Benutzer oder eine Schadsoftware ein neues Programm zu installieren, so wird dies unterbunden und der Schaden verhindert. Siemens als Produkthersteller von Industriesoftware unterstützt hierbei den Anwender, indem Siemens die Software auf Verträglichkeit mit Virenscannern oder Whitelisting-Software testet.

Schutz der Steuerungsebene

Dass PCs und Netzwerke gegen Bedrohungen geschützt werden müssen, ist hinlänglich bekannt. Doch welche Maßnahmen kann man zum Schutz meist Produktherstellerspezifischer, proprietärer Systeme ergreifen? Wie schützt man speicherprogrammierbare Steuerungen (SPS) und Bedienstationen, die entweder kein kommerzielles Betriebssystem oder eine ältere Version nutzen, da sie über viele Jahre und sogar Jahrzehnte im Einsatz sind? Sicherheitssoftware Dritter stellt hierfür in den meisten Fällen keine Lösung dar.

Der Zugriff auf die Systemfunktionen der Geräte ist meist gar nicht oder nur eingeschränkt möglich. Bei Sicherheitslösungen zum Schutz der Steuerungsebene sind die Produkthersteller von Automatisierungshardware gefragt, entsprechende Sicherheitsmechanismen zu implementieren und den Anwendern anlagenspezifische Einstellmöglichkeiten zur Verfügung zu stellen. Gleichzeitig sind die Anwender dazu aufgefordert, das Vorhandensein solcher Mechanismen bei den Produktherstellern zu hinterfragen und diese auch zu aktivieren, sofern dazu Einstellungsmöglichkeiten angeboten werden.

Der Schutz der Steuerungsebene richtet sich im Kern darauf, die Verfügbarkeit der Steuerungen im Feld zu gewährleisten, zielt aber auch darauf, geistiges Eigentum zu schützen, denn das Entwicklungs-Know-how bezüglich der Maschine stellt für jeden Maschinenbauer eine große Investition dar. Mit zunehmender Vernetzung und der Integration der IT-Welt in die Automatisierungstechnik verändern sich jedoch die Anforderungen an Zugriffsschutz und Manipulationssicherheit von Produktionsanlagen. Dieser ist für moderne Steuerungssysteme unumgänglich und beispielsweise in der neuen Controller-Familien SIMATIC S7-1200 und SIMATIC S7-1500 von Siemens bereits integriert. Zum einen umfasst dies einen mehrstufigen Zugriffsschutz mit unterschiedlichen Zugriffsrechten. Des Weiteren beinhalten die Kommunikationsprotokolle für die Controller-Projektierung oder HMI-Anbindung integrierte Security-Mechanismen zur deutlich verbesserten Erkennung von Manipulationen.

Sichere PG/HMI-Kommunikation: TLS (Transport Layer Security)-basierter Schutz der Kommunikation zwischen S7-Steuerungen und Engineering-Stationen mit TIA Portal oder HMI-Stationen. Verschlüsselt die Kommunikation durch Anwendung individueller Zertifikate. Durch diese echte Ende-zu-Ende-Verschlüsselung zwischen Engineering-Station oder HMI-Station kann eine Manipulation des Steuerungsprogramms oder der Parameter verhindert werden. Mit dieser hoch modernen gesicherten Kommunikation auf Basis von TLS (V1.3) wird ein hoher Schutz für die Automatisierungssysteme bereitgestellt und Produktionsausfälle, Datendiebstahl sowie Manipulation oder Sabotage werden vermieden.

Zunehmend rückt auch der Schutz des geistigen Eigentums in den Fokus, denn das Entwicklungs-Know-how bezüglich der Maschine stellt für Maschinenbauer eine große Investition dar. Mit den Funktionen zum Know-how- und Kopierschutz der Siemens-Steuerungen gibt es auch in diesem Themenfeld einfache und komfortable Unterstützung. Hierbei können einzelne Funktionsbausteine geschützt werden, sodass Unbefugte keinen Zugriff auf deren Inhalt haben und somit Algorithmen nicht kopieren oder verändern können. Mit einem Kopierschutz, d. h. Verknüpfung von Programmteilen mit der Seriennummer der Speicherkarte, wird gleichzeitig die Vervielfältigung der Maschinen verhindert, sodass geschützte Programme nur in zulässigen Maschinen eingesetzt werden können. Diese Funktionen helfen jedem Maschinenbauer, seine Investition zu sichern und seinen technologischen Vorsprung zu behalten. Weitere Securityfunktionen wie Stateful Inspection Firewall und VPN sind in den Kommunikationsprozessoren für S7-Steuerungen integriert.

Die Kommunikationsprozessoren CP1543-1 für die S7-1500 oder weitere werden dadurch zur „sicheren Schnittstelle“ hin zum gesamten Anlagennetzwerk und schützen die jeweils angebundenen Steuerungen, sowie die unterlagerten Netze und bei Bedarf auch die Kommunikation zwischen ihnen und ergänzen bzw. erweitern damit das Zellenschutzkonzept in einer Anlage.

10.5 Nutzerrollen und Rechtekonzepte

Wir haben gesehen, dass zur Abwehr der unterschiedlichen Bedrohungen und auch um einen angemessenen Schutz erreichen zu können ein Verteidigungskonzept erforderlich ist, das mehrere Hürden für Angreifer aufbaut (Defense-in-Depth-Konzept). Das bedeutet aber gleichzeitig, dass auch berechtigte Personen diese Hürden überwinden müssen. In der Praxis gibt es normalerweise verschiedene Zugangsberechtigungen bzw. Klassen von Rechten. Bestimmte Nutzer dürfen beispielsweise nur auf bestimmte Anlagenteile, Geräte oder Applikationen zugreifen, manche haben Administratorrechte, andere nur Lese- oder auch Schreibrechte.

Die Umsetzung eines Schutzkonzepts dient also nicht nur der Abwehr von Angriffen, sondern auch der Umsetzung eines Rechte-Konzepts, d. h. sicherzustellen, dass ausschließlich berechtigte Personen und auch nur gemäß ihren jeweils zugeordneten Rechten zugreifen können. Üblicherweise wird nicht für jede Person ein eigenes Rechteprofil erstellt, sondern definiert, die bestimmte Rechte haben. Den Nutzerrollen werden nun Nutzer bzw. Gruppen von Nutzern zugeteilt und somit ihre jeweils entsprechenden Zugriffsrechte zugewiesen. Ein wichtiger Aspekt im Zusammenhang mit Security ist daher auch die Nutzer- oder Userverwaltung.

Eine durchgängige Projektierung für alle Automatisierungskomponenten erleichtert hier die Userverwaltung, da von zentraler Stelle aus Nutzerrollen und Rechte verschiedener Personen anlagenweit festgelegt und gepflegt werden können. Werkzeuge sollten dem Betreiber das Anlegen und die Pflege aller berechtigten Nutzer der Automatisierungslösung erleichtern, beispielsweise die Userverwaltung im Engineering Framework TIA-Portal von Siemens.

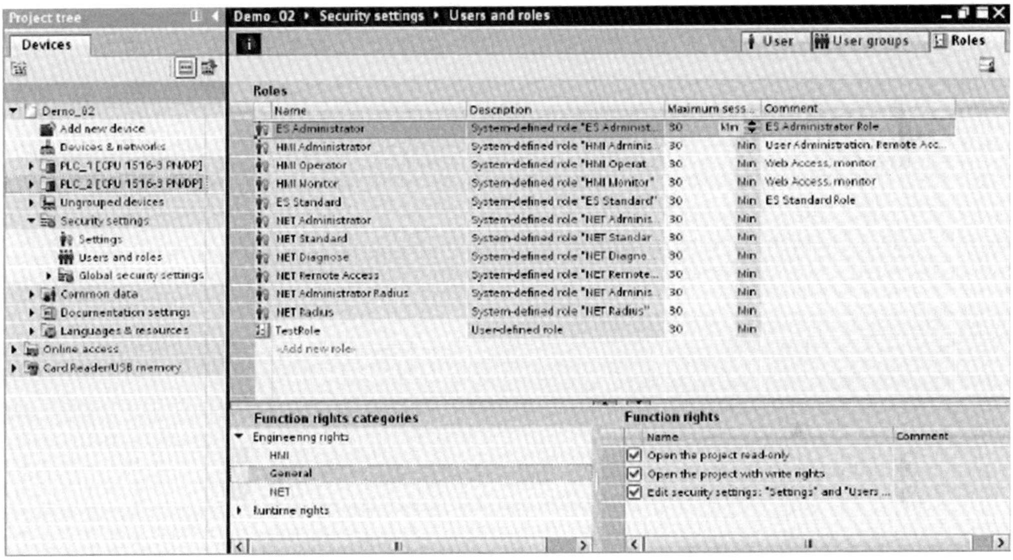

Bild 10.5 Usermanagement im TIA Portal mit Nutzerrollen- und Rechte-Vergabe (*Quelle:* Siemens AG – White Paper 2022 – Cybersecurity for Industry)

Anhang A Wesentliche Dokumente zur Erstellung und Pflege eines Schutzkonzepts

A.1 IEC 62443-2-1 Edition 2

Das Dokument spezifiziert Anforderungen an das Security-Programm (SP) des Betreibers. Eine erste Edition wurde im Jahr 2010 als internationale Norm veröffentlicht. Edition 2 wurde im Juli 2024 veröffentlicht. Es wird vorausgesetzt und im Dokument gefordert, dass der Betreiber ein Informationssicherheits-Managementsysteme (*Information Security Management System, ISMS*) umsetzt.

Für jede relevante Anforderung in diesem Dokument, muss der Betreiber dafür sorgen, dass technische und organisatorische Securitymaßnahmen implementiert werden, um die Anforderung zu erfüllen. Gemäß den Konzepten der IEC 62443-2-2 [7], enthält das Dokument Tabellen mit Querverweisen zu IEC 62443-3-3 und IEC 62443-4-2 für technische Security-Fähigkeiten und zu IEC 62443-2-4 für Fähigkeiten von Dienstleistern. Die Querverweise können den Betreiber unterstützen bei der Suche der passenden Securityfunktionen oder Dienstleistungen für die Erfüllung der eigenen Abforderungen. Im Anhang B dieses Buchs wird eine Zuordnung der Anforderungen der relevanten Dokumente der IEC 62443-Serie zu den SPE, bzw. sub-SPE der IEC 62443-2-1 vorgeschlagen.

Im Folgenden wird ein Überblick über die Anforderungen der IEC 62443-2-1 [6] gegeben.

SPE 1 – Organizational security measures

Die Anforderungen dieses SPE wurden definieren, um sicherzustellen, dass eine Organisation vorbereitet ist, den Schutz des IACS adäquat zu adressieren. Sie betreffen Richtlinien und Prozesse für Security-relevante Tätigkeiten und sollen dafür sorgen, dass das zuständige Personal bewusst und geschult ist für ihre Security-Verantwortungen.

Tabelle A.1 Anforderungen in SPE 1

ORG 1 – Security related organization and policies
ORG 1.1: Information security management system (ISMS)
ORG 1.2: Background checks
ORG 1.3: Security roles and responsibilities
ORG 1.4: Security awareness training
ORG 1.5: Security responsibilities training
ORG 1.6: Supply chain security
ORG 2 – Security assessments and reviews
ORG 2.1: Security risk mitigation
ORG 2.2: Processes for discovery of security anomalies
ORG 2.3: Secure development and support
ORG 2.4: SP reviews
ORG 3 – Security of physical access
ORG 3.1: Physical access control

SPE 2 – Configuration management

Die Anforderungen dieses SPE sollen dafür sorgen, dass der Betreiber die IACS-Architektur dokumentiert und ein Inventar der Hardware- und Softwarekomponenten erstellt und im Rahmen eines Änderungsmanagements pflegt.

Tabelle A.2 Anforderungen in SPE 2

CM 1 – Inventory management of IACS hardware/software components and network communications
CM 1.1: Asset inventory baseline
CM 1.2: Infrastructure drawings/documentation
CM 1.3: Configuration settings
CM 1.4: Change control

SPE 3 – Network and communications security

Die Anforderungen in diesem SPE fokussieren auf den Schutz des IACS gegen Angriffe, die über das Netzwerk und den Kommunikationsfähigkeiten durchgeführt werden. Diese können von Außen, durch Durchbrechen der Zonengrenzen erfolgen, als auch von nicht autorisierten Geräten kommen, die am IACS-Netzwerk angeschlossen sind. IEC 62443-3-2 gibt eine Anleitung für eine Risiko-basierte Systempartitionierung in Zonen und Conduits.

Tabelle A.3 Anforderungen in SPE 3

NET 1 – System segmentation
NET 1.1: Segmentation from non-IACS networks
NET 1.2: Documentation of network zone interconnections
NET 1.3: Network segmentation from safety systems
NET 1.4: Network autonomy
NET 1.5: Network disconnection from external networks
NET 1.6: Internal network access control
NET 1.7: Network accessible services
NET 1.8: User messaging
NET 1.9: Network time distribution
NET 2 – Secure wireless access
NET 2.1: Wireless protocols
NET 2.2: Wireless network segmentation
NET 2.3: Wireless properties and addresses
NET 3 – Secure remote access
NET 3.1: Remote access applications
NET 3.2: Remote access connections
NET 3.3: Remote access termination

SPE 4 – Component security

Die Anforderungen diese SPE zielen auf den Schutz der IACS-Komponenten (Geräte oder Software). Die Angriffe auf Komponenten können von externen oder externen Schnittstellen kommen.

Tabelle A.4 Anforderungen in SPE 4

COMP 1 – Components and portable media
COMP 1.1: Component hardening
COMP 1.2: Dedicated portable media
COMP 2 – Malware protection
COMP 2.1: Malware free
COMP 2.2: Malware protection
COMP 2.3: Malware protection software validation and installation
COMP 3 – Patch management
COMP 3.1: Security patch authenticity/integrity
COMP 3.2: Security patch validation and installation
COMP 3.3: Security patch status
COMP 3.4: Security patching retention of security
COMP 3.5: Security patch mitigation

COMP 3 – Patch management adressiert das Anwenden von Security-Patches, um Schwachstellen in IACS-Komponenten zu beheben (siehe IEC/TR 62443-2-3).

SPE 5 – Protection of data

Die Anforderungen in diesem SPE wurden definiert, um sicherzustellen, dass Daten gegen Verfälschung (Integrität) und Enthüllung (Vertraulichkeit) geschützt werden.

Tabelle A.5 Anforderungen in SPE 5

DATA 1 – Protection of data
DATA 1.1: Data classification
DATA 1.2: Dedicated portable media
DATA 1.3: Safety system configuration mode
DATA 1.4: Data retention policy
DATA 1.5: Cryptographic mechanisms
DATA 1.6: Key management
DATA 1.7: Data integrity

SPE 6 – User access control

Die Anforderungen in diesem SPE fokussieren auf die Sicherstellung, dass alle Nutzer (Menschen, Softwareprozesse und Geräte) einem Account zugeordnet sind, um den Zugriff auf das IACS und seine Ressourcen auszusteuern. Die Zugriffskontrolle schließt die Identifikation und Authentisierung der Nutzer, die Vergabe und die Erzwingung der Rechte und Einschränkungen dieser Nutzer und die Kontrolle der Sitzungen ein. Dokumentierte Richtlinien für das Management der Nutzer-Accounts sollen für Konsistenz sorgen und die Basis für die Pflege der Nutzer-Accounts über die Zeit bilden.

Tabelle A.6 Anforderungen in SPE 6

USER 1 – Identification and authentication
USER 1.1: User identity assignment
USER 1.2: User identity removal
USER 1.3: User identity persistence
USER 1.4: Access rights assignment
USER 1.5: Least privilege
USER 1.6: Software service authentication
USER 1.7: Software services interactive login rights
USER 1.8: Human user authentication
USER 1.9: Multifactor authentication (MFA)
USER 1.10: Mutual authentication
USER 1.11: Password protection

Tabelle A.6 *(Fortsetzung)* Anforderungen in SPE 6

USER 1 – Identification and authentication
USER 1.12: Shared and disclosed/compromised passwords
USER 1.13: User login display information
USER 1.14: User login failure displays
USER 1.15: Consecutive login failures
USER 1.16: Session integrity
USER 1.17: Concurrent sessions
USER 1.18: Screen lock
USER 1.19: Component authentication
USER 2 – Authorization and access control
USER 2.1: Authorization
USER 2.2: Separation od duties
USER 2.3: Multiple approvals
USER 2.4: Manual elevation of privileges

SPE 7 – Event and incident management

Die Anforderungen in diesem SPE wurden definiert, um die Entdeckung, die Protokollierung und die Analyse von Security-relevanten Ereignissen zu unterstützen. Die Aktivitäten zielen darauf ab, Security-relevante Ereignisse zu identifizieren und sicherzustellen, dass Nutzer nicht Aktionen, für die sie verantwortlich sind, Abstreiten können.

Tabelle A.7 Anforderungen in SPE 7

EVENT 1 – Event and incident management
EVENT 1.1: Event detection
EVENT 1.2: Event reporting
EVENT 1.3: Event reporting interfaces
EVENT 1.4: Logging
EVENT 1.5: Log entries
EVENT 1.6: Log access
EVENT 1.7: Event analysis
EVENT 1.8: Incident handling and response
EVENT 1.9: Vulnerability handling

SPE 8 – System integrity and availability

Die Anforderungen in diesem SPE haben das Ziel, dass die Integrität und die Verfügbarkeit des IACS zu geschützt wird und dass das System in einem früheren Stand wiederhergestellt werden kann.

Tabelle A.8 Anforderungen in SPE 8

AVAIL 1 – System availability and intended functionality
AVAIL 1.1: Continuity management
AVAIL 1.2: Resource availability management
AVAIL 1.3: Failure-state
AVAIL 2 – Backup/restore/archive
AVAIL 2.1: Backup
AVAIL 2.2: Backup non-interference
AVAIL 2.3: Backup verification
AVAIL 2.4: Backup media
AVAIL 2.5: Backup restoration

A.2 IEC 62443-2-4

Das Dokument IEC 62443-2-4 [8] richtet sich an Anbieter für Integrationsleistungen oder Wartungsleistungen. Die Anforderungen spezifizieren organisatorische Vorgaben an Prozesse, Praktiken und Personal des Dienstleisters. Die Anforderungen richten sich an die Fähigkeiten des Dienstleisters, um eine allgemeine Bewertung des Leistungsangebots vornehmen zu können. Im Rahmen eines Projekts können die Inhalte auch dazu dienen, die ausgeführten Leistungen und Prozesse bezüglich Integration und Wartung zu bewerten.

Dienstleister können auch die Teile IEC 62443-3-3 und IEC 62443-4-2 in Zusammenhang mit diesem Teil verwenden, um mit Produktherstellern von Automatisierungssystemen oder Komponenten zusammen zu arbeiten. Damit können sie Leistungen und Prozesse entwickeln, die auf den Fähigkeiten des Automatisierungssystems oder der Komponente aufsetzen, z. B. Datensicherung und Wiederherstellung auf Basis der Vorgaben des Produktherstellers und der Fähigkeiten des Automatisierungssystems oder der Komponente.

Der Betreiber kann IEC 62443-2-4 verwenden, um die Fähigkeiten des Dienstleisters zu bewerten. Er kann prüfen, ob bei einer Ausschreibung das Leistungsangebot des Dienstleisters die Fähigkeiten, die für ein gegebenes Projekt benötigt werden, abdeckt. In der Integrationsphase kann der Betreiber bewerten, ob die gewünschten Anforderungen auch umgesetzt wurden. Schließlich kann der Betreiber während der Betriebsphase das Dokument als Vorgabe für die Wartungsprozesse verwenden.

Das Dokument erlaubt die Festlegung sogenannter Profile, um der Tatsache gerecht zu werden, dass nicht alle Anforderungen für alle Industriesektoren und Umgebungen anwendbar sind. Solche Profile können von Industriegruppen oder Organisationen als sog. „IEC Technical Reports, IEC TR“ erstellt werden, um die Untermenge der anwendbaren Anforderungen zu definieren und ggf. zu beschreiben, wie die Anforderungen in der spezifischen Umgebung anzupassen oder zu interpretieren sind.

Die Anforderungen wurden in einer Tabelle aufgelistet, die auch als separate Excel-Datei erhältlich ist, um dem Anwender die Sortierung und das Filtern zu erleichtern.

Tabelle A.9 Felder der Anforderungstabelle

Spalte	Beschreibung
Req ID	Kennung
BR/RE	Indikator für Anforderung / weitergehende Anforderung
Functional area	Funktionaler Bereich
Topic	Schlüsselwort für das **Hauptthema** der Anforderung. Das gleiche Thema kann für mehrere funktionale Gebiete oder Aktivitäten relevant sein.
Subtopic	Schlüsselwort für das Unterthema der Anforderung. Das gleiche Thema kann für mehrere funktionale Gebiete oder Aktivitäten relevant sein.
Doc?	Ist dem Betreiber eine Dokumentation als Ergebnis zur Verfügung zu stellen? Anmerkung: Manche Anforderungen können erfordern, dass der Dienstleister eine Dokumentation pflegt, die nicht als Ergebnis zu betrachten ist. Der Betreiber kann aber mit dem Dienstleister vereinbaren, dass er diese Dokumentation sichten kann oder zur Verfügung gestellt bekommt.
Requirement description	Text der Anforderung, die eine Fähigkeit des Dienstleisters definiert. Ob der Betreiber diese Anforderung verlangt, ist nicht Bestandteil des Dokuments.
Rationale	Text über den Hintergrund, die Begründung oder andere Aspekte, die für den Leser für das Verständnis der Anforderung hilfreich sind.

Die Anforderungen wurden weitgehend abstrakt formuliert, um den Dienstleistern eine gewisse Freiheit für ihre Umsetzung zu lassen. Weitergehende Anforderungen beschreiben Restriktionen oder Spezialisierungen mit dem Ziel, die Security durch strengere Umsetzung der Anforderungen zu erhöhen.

Um dem Leser einen Überblick über inhaltliche Abdeckung der Anforderungen zu geben, werden in den folgenden Tabellen die funktionalen Bereiche sowie die Haupt- und Unterthemen beschrieben.

Tabelle A.10 Feld „Functional area" in der Anforderungstabelle der IEC 62443-2-4

Functional area	Req ID	Beschreibung
Solution staffing	SP.01.xx	Anforderungen zu der Zuordnung von Personal zu Aktivitäten des Dienstleisters bezüglich der Automatisierungslösung
Assurance	SP.02.xx	Anforderungen, die das Vertrauen betreffen, dass die Security in der Automatisierungslösung durchgesetzt wird
Architecture	SP.03.xx	Anforderungen, die das Design der Automatisierungslösung betreffen
Wireless	SP.04.xx	Anforderungen, die den Einsatz drahtloser Kommunikation in der Automatisierungslösung betreffen
SIS	SP.05.xx	Anforderungen, die die Integration von PLT-Sicherheitseinrichtungen in der Automatisierungslösung betreffen
Configuration management	SP.06.xx	Anforderungen, die die Beherrschung der Konfiguration der Automatisierungslösung betreffen
Remote access	SP.07.xx	Anforderungen, die den Fernzugriff zu der Automatisierungslösung betreffen
Event management	SP.08.xx	Anforderungen, die die Behandlung von Ereignissen in der Automatisierungslösung betreffen
Account management	SP.09.xx	Anforderungen, die die Verwaltung von Nutzer-Accounts der Automatisierungslösung betreffen

Tabelle A.10 *(Fortsetzung)* Feld „Functional area" in der Anforderungstabelle der IEC 62443-2-4

Functional area	Req ID	Beschreibung
Malware protection	SP.10.xx	Anforderungen, die die Nutzung von Anti-Malware Software in der Automatisierungslösung betreffen
Patch Management	SP.11.xx	Anforderungen, die die Security-Aspekte bei dem Bereitstellen und dem Einspielen von Software-Aktualisierungen betreffen
Backup/Restore	SP.12.xx	Anforderungen, die die Datensicherung und die Wiederherstellung von Daten betreffen

Tabelle A.11 Feld „Topic" in der Anforderungstabelle der IEC 62443-2-4

Topic	Beschreibung
Accounts – …	Anforderungen, die verschiedene Arten von Nutzer-Accounts betreffen
Security tools and software	Anforderungen, die die Anwendung von Softwarewerkzeugen für die Security in der Automatisierungslösung betreffen
Background checks	Anforderungen, die die Überprüfung der Vergangenheit (eines) Mitarbeiters betreffen
Backup	Anforderungen, die die Sicherung und Wiederherstellung der Daten der Automatisierungslösung betreffen
Data protection	Anforderungen, die den Schutz der Daten betreffen
Devices – …	Anforderungen, die verschiedene Arten von in der Automatisierungslösung eingesetzten Komponenten betreffen
Events – …	Anforderungen, die verschiedene Arten von Ereignissen in der Automatisierungslösung betreffen
Hardening guidelines	Anforderungen, die Richtlinien zur Härtung der Automatisierungslösung betreffen
Manual process	Anforderungen, die manuelle Prozesse zur Benutzung von Security-Fähigkeiten der Automatisierungslösung (z. B. Patch-Management, Datensicherung und Wiederherstellung) betreffen
Network design	Anforderungen, die das Auslegen der Netzwerkarchitektur der Automatisierungslösung betreffen
Passwords	Anforderungen, die die Passwörter der Nutzer-Accounts betreffen
Patch list	Anforderungen, die eine Liste von Kennungen und Eigenschaften von Security-Patches betreffen, die für die Automatisierungslösung anwendbar sind
Personnel assignments	Anforderungen zu der Zuordnung von Personal zu Aktivitäten des Dienstleisters bezüglich der Automatisierungslösung
Portable media	Anforderungen, die den Einsatz von tragbaren Medien in der Automatisierungslösung betreffen
Restore	Anforderungen, die die Wiederherstellung von Daten in der Automatisierungslösung betreffen
Risk assessment	Anforderungen, die die Durchführung von Risiko-Bewertungen bezüglich der Automatisierungslösung und ihrer Komponenten betreffen
Security tools and software	Anforderungen, die die Verwendung von Softwarewerkzeugen für die Implementierung und die Verwaltung der Security der Automatisierungslösung betreffen

Tabelle A.11 *(Fortsetzung)* Feld „Topic“ in der Anforderungstabelle der IEC 62443-2-4

Topic	Beschreibung
Solution components	Anforderungen, die den Einsatz von Komponenten der Automatisierungslösung betreffen
Training	Anforderungen, die die Schulung des Personals betreffen, das in Aktivitäten des Dienstleisters bezüglich der Automatisierungslösung eingebunden ist
User interface	Anforderungen, die die Nutzerschnittstellen der Automatisierungslösung betreffen
Vulnerabilities	Anforderungen, die die Behandlung von Angriffsmöglichkeiten in der Automatisierungslösung betreffen

Tabelle A.12 Feld „Subtopic“ in der Anforderungstabelle der IEC 62443-2-4

Subtopic	Beschreibung
Access control	Anforderungen, die Authentisierung und/oder Autorisierung betreffen
Administration	Anforderungen, die Administration und Verwaltung, z. B. die Geräte-Administration und die Benutzerverwaltung betreffen
Approval	Anforderungen, die die Genehmigung durch den Betreiber betreffen
Change	Anforderungen, die die Änderung von Passwörtern betreffen
Communications	Anforderungen, die interne und externe Kommunikation der Automatisierungslösung betreffen
Composition	Anforderungen, die die Zusammensetzung von Passwörtern betreffen
Configuration mode	Anforderungen, die den Zustand einer konfigurierbaren Komponente betreffen
Connectivity	Anforderungen, die Anschlussfähigkeit von Komponenten und/oder Netzwerksegmenten betreffen
Cryptography	Anforderungen, die den Einsatz von kryptographischen Verfahren (z. B. Verschlüsselung, digitale Signaturen) betreffen
Data/event retention	Anforderungen, die das Archivieren von Daten und Ereignissen betreffen
Delivery	Anforderungen, die die Bereitstellung von Security-Patches betreffen
Detection	Anforderungen, die die Erkennung von Ereignissen betreffen
Disaster recovery	Anforderungen, die die Erholung von Krisen betreffen
Expiration	Anforderungen, die das Ablaufen von Passwörtern und Nutzer-Accounts betreffen
Installation	Anforderungen, die die Installation von Security-Werkzeugen und Software betreffen
Inventory register	Anforderungen, die die Dokumentation der eingesetzten Geräte und deren Software-Komponenten in der Automatisierungslösung betreffen
Least functionality	Anforderungen, die die Unterstützung des Konzepts der minimalen Funktionalität betreffen (z. B. Abschalten von unnötigen Diensten oder Entfernen von temporären Nutzer-Accounts) – Siehe dazu die IEC 62443-3-3 für weitere Details.
Logging	Anforderungen, die die Protokollierung von Ereignissen betreffen
Malware definition files	Anforderungen, die die Genehmigung und den Einsatz von Malware-Definitionsdateien betreffen
Malware protection mechanism	Anforderungen, die den Einsatz von Schutzmechanismen gegen Malware betreffen (z. B. Antivirus-Software, Whitelisting)

Tabelle A.12 *(Fortsetzung)* Feld „Subtopic" in der Anforderungstabelle der IEC 62443-2-4

Subtopic	Beschreibung
Network time	Anforderungen, die Verteilung und Synchronisierung einer Uhr über das Netzwerk betreffen
Patch qualification	Anforderungen, die die Bewertung und Genehmigung von Patches für den Einsatz in der Automatisierungslösung betreffen
Perform	Anforderungen, die die Umsetzung einer Fähigkeit in der Automatisierungslösung betreffen
Reporting	Anforderungen, die das Berichtswesen der Ereignisse betreffen (z. B. Meldungen)
Responding	Anforderungen, die Behandlung und Beantwortung von Ereignissen betreffen
Reuse	Anforderungen, die die Wiederverwendung von Passwörtern betreffen
Robustness	Anforderungen, die die Widerstandsfähigkeit der Automatisierungslösung bei unnormalen Daten, unnormalen Sequenzen oder unnormal hohem Netzwerkverkehr betreffen (z. B. bei Alarmsturmen oder Netzwerk-Scans)
Sanitizing	Anforderungen, die die Bereinigung von Geräten und tragbaren Datenmedien von sensiblen Daten und/oder Malware betreffen
Security contact	Anforderungen, die eine Kontaktrolle für Security fordern und definieren
Security lead	Anforderungen, die eine Führungsrolle für Security fordern und definieren
Security requirements – …	Anforderungen, die Securityanforderungen betreffen, die in diesem Dokument enthalten sind oder vom Betreiber definiert werden
Sensitive data	Anforderungen, die Daten mit einem Bedarf einer sicheren Aufbewahrung betreffen
Service provider	Anforderungen, die das Personal oder die Fähigkeit des Dienstleisters betreffen
Session lock	Anforderungen, die die Sperrung von Tastauren und Bildschirmen der Arbeitsstationen betreffen
Shared	Anforderungen, die die gemeinsame Benutzung von Passwörtern betreffen
Subcontractor	Anforderungen, die das Personal oder der Fähigkeit von Unterauftragnehmern, Beratern oder Vertretern des Dienstleisters betreffen
Technical description	Anforderungen, die Beschreibungen von technischen Aspekten der Automatisierungslösung betreffen
Usage	Anforderungen, die den Einsatz oder die Umsetzung einer gewünschten Fähigkeit betreffen
Verification	Anforderungen, die die Prüfung einer Fähigkeit betreffen (z. B. mittels eines Demonstrators oder durch visuelle Kontrolle)
Wireless network identifiers	Anforderungen, die die Kennungen von drahtlosen Netzwerken betreffen

A.3 IEC 62443-3-3

Dieses Dokument [11] richtet sich in erster Linie an Produktlieferanten und Systemintegratoren. Auf der einen Seite können die funktionalen Fähigkeiten von Leitsystemen an den in Dokument gelisteten Anforderungen gespiegelt werden, auf der anderen Seite können die in einer Automatisierungslösung realisierten Funktionalitäten gegenüber diesen Anforderungen bewertet werden. Das Dokument ist auch relevant für Betreiber, Dienstleister und ggf. Behörden und Regulierer, deren Zuständigkeit es ist, die Einhaltung von Gesetzen und Vorschriften durch Prüfungen zu überwachen.

Systemintegratoren, Produkthersteller und Wartungsdienstleister werden mit Hilfe dieser Norm bewerten, inwieweit ihre Produkte und Dienstleistungen die Security-Fähigkeiten erbringen, um die Anforderungen des Betreibers zu erreichen.

Beim Entwurf einer Automatisierungslösung, die eine Anzahl von System-Securityanforderungen erfüllen soll, ist es nicht erforderlich, dass jede Komponente des vorgeschlagenen Leitsystems auch jede System-Securityanforderungen auf dem in dieser Norm angegebenen Level einhalten muss. Kompensierende Securitymaßnahmen können entwickelt werden, um die von anderen Subsystemen benötigte Funktionalität bereitzustellen und auf der Ebene der Automatisierungslösung dennoch die gewünschten SPR-T-Werte zu erreichen. Die Einbeziehung von kompensierenden Securitymaßnahmen während der Entwurfsphase der Automatisierungslösung sollte durch eine umfassende Dokumentation begleitet werden.

Das Ziel dieses Dokuments ist die Festlegung einer gemeinsamen kleinsten Menge von Anforderungen, um fortschreitend strengere Levels erreichen zu können. Das Dokument beschränkt sich bewusst auf die Festlegung funktionaler Anforderungen und legt nicht fest, wie diese erfüllt werden sollten.

Das Dokument legt anhand von sieben grundlegenden Anforderungen (FR) detaillierte System-Securityanforderungen (SR) an industrielle Leitsysteme fest, einschließlich der Festlegung der erreichbaren Security-Levels, SL-C. Die Anforderungen richten sich an die Security-Fähigkeiten von Leitsystemen, werden auch für die Auslegung von technischen und organisatorischen Securitymaßnahmen zum Schutz von IACS während des Betriebs angewendet. Jede System-Securityanforderung besteht aus einer Hauptanforderung und ggf. weitere Anforderungen (RE), die stärkere Securitymaßnahmen fordern. Die Hauptforderung und etwaige vorhandene weitergehende Anforderungen werden den erreichbaren Security-Levels SL-C zugeordnet.

Die sieben grundlegenden Anforderungen (FR) sind:

- FR 1 – Identifikation und Authentifizierung (*IAC, identification and authentication control*)
- FR 2 – Nutzungskontrolle (*UC, use control*)
- FR 3 – Systemintegrität (*SI, system integrity*)
- FR 4 – Vertraulichkeit der Daten (*DC, data confidentiality*)
- FR 5 – Eingeschränkter Datenfluss (*RDF, restricted data flow*)
- FR 6 – Rechtzeitige Reaktion auf Ereignisse (*TRE, timely response to events*)
- FR 7 – Verfügbarkeit der Ressourcen (*RA, resource availability*)

FR 1 – Identifikation und Authentifizierung

Das Ziel der Identifikation und Authentifizierung ist es, das Leitsystem dadurch zu schützen, dass die Identität eines jeden Nutzers geprüft wird, bevor der Zugriff gewährt wird. Komponenten einer Automatisierungslösung können unterschiedlich starke Identifikation und Authentifizierung haben.

Die allgemeine Beschreibung der erreichbaren Security-Levels wird in dieser grundlegenden Anforderung (FR) angepasst mit dem Ziel, alle Nutzer (Menschen, Softwareprozesse und Geräte) zu identifizieren und authentifizieren, bevor ihnen der Zugang zum Leitsystem gewährt wird.

- SL 1 – Identifizieren und Authentifizieren aller Nutzer (Menschen, Softwareprozesse und Geräte) durch Verfahren, die gegen gelegentlichen oder zufälligen Zugang von nicht authentifizierten Personen oder Stellen schützen.
- SL 2 – Identifizieren und Authentifizieren aller Nutzer (Menschen, Softwareprozesse und Geräte) durch Verfahren, die gegen einen absichtlichen, nicht authentifizierten Zugang von Personen oder Stellen, die mit einfachen Mitteln, geringen Ressourcen, allgemeinen Fertigkeiten und geringer Motivation vorgehen, schützen.
- SL 3 – Identifizieren und Authentifizieren aller Nutzer (Menschen, Softwareprozesse und Geräte) durch Verfahren, die gegen einen absichtlichen, nicht authentifizierten Zugang von Personen oder Stellen, die mit raffinierten Mitteln, mittleren Ressourcen, IACS-spezifische Fertigkeiten und mittlerer Motivation vorgehen, schützen.
- SL 4 – Identifizieren und Authentifizieren aller Nutzer (Menschen, Softwareprozesse und Geräte) durch Verfahren, die gegen einen absichtlichen, nicht authentifizierten Zugang von Personen oder Stellen, die mit raffinierten Mitteln, erheblichen Ressourcen, IACS-spezifische Fertigkeiten und hoher Motivation vorgehen, schützen.

Die folgende Tabelle zeigt auf, welche SR und RE bei einem erreichbaren Security-Level SL-C für Identifikation und Authentifizierung zutreffen.

SRs und REs	**SL 1**	**SL 2**	**SL 3**	**SL 4**
FR 1 – Identifikation und Authentifizierung (IAC)				
SR 1.1 – Identifikation und Authentifizierung von menschlichen Nutzern	✓	✓	✓	✓
SR 1.1 RE 1 – Eindeutige Identifikation und Authentifizierung		✓	✓	✓
SR 1.1 RE 2 – Multifaktor-Authentifizierung über nicht vertrauenswürdige Netze			✓	✓
SR 1.1 RE 3 – Multifaktor-Authentifizierung über alle Netze				✓
SR 1.2 – Identifikation und Authentifizierung von Softwareprozessen und Geräten		✓	✓	✓
SR 1.2 RE 1 – Eindeutige Identifikation und Authentifizierung			✓	✓
SR 1.3 – Verwaltung der Nutzer-Accounts	✓	✓	✓	✓
SR 1.3 RE 1 – Einheitliche Verwaltung der Nutzer-Accounts			✓	✓
SR 1.4 – Verwaltung der Kennungen	✓	✓	✓	✓
SR 1.5 – Verwaltung der Authentifikatoren	✓	✓	✓	✓
SR 1.5 RE 1 – Beglaubigung der Identität von Softwareprozessen durch Hardwaremaßnahmen			✓	✓
SR 1.6 – Management drahtloser Zugriffsverfahren	✓	✓	✓	✓
SR 1.6 RE 1 – Eindeutige Identifikation und Authentifizierung		✓	✓	✓
SR 1.7 – Stärke der Authentifizierung durch Passwörter	✓	✓	✓	✓
SR 1.7 RE 1 – Erzeugung und Lebensdauerbeschränkungen von Passwörtern für menschliche Nutzer			✓	✓

SRs und REs	SL 1	SL 2	SL 3	SL 4
FR 1 – Identifikation und Authentifizierung (IAC)				
SR 1.7 RE 2 – Lebensdauerbeschränkungen von Passwörtern für alle Nutzer				✓
SR 1.8 – PKI-Zertifikate		✓	✓	✓
SR 1.9 – Stärke der Authentifizierung durch öffentliche Schlüssel		✓	✓	✓
SR 1.9 RE 1 – Beglaubigung öffentlicher Schlüssel durch Hardwaremaßnahmen			✓	✓
SR 1.10 – Rückmeldung vom Authentifikator	✓	✓	✓	✓
SR 1.11 – Erfolglose Anmeldeversuche	✓	✓	✓	✓
SR 1.12 – Nutzungshinweis	✓	✓	✓	✓
SR 1.13 – Zugriff über nicht vertrauenswürdige Netze	✓	✓	✓	✓
SR 1.13 RE 1 – Genehmigung ausdrücklicher Anmeldebegehren		✓	✓	✓

FR 2 – Nutzungskontrolle

Nach erfolgter Identifikation und Authentifizierung eines Nutzers muss das System die Aktionen gemäß der zugewiesenen Rechte und Einschränkungen begrenzen. Betreiber und Systemintegratoren müssen jedem Nutzer (menschlichem Nutzer, Softwareprozess oder Gerät), (siehe 5.6, SR 1.4 – Verwaltung der Kennungen) die Berechtigungen zuweisen, die für seine Aufgabe erforderlich sind. Das Ziel der Nutzungskontrolle ist der Schutz vor nicht autorisierten Aktionen durch Sicherstellung, dass die erforderlichen Berechtigungen vorhanden sind, bevor dem Nutzer erlaubt wird, die Aktionen durchzuführen. Beispiele solcher Handlungen sind Daten auslesen oder schreiben, Programme herunterladen und Konfigurationen verändern.

Die allgemeine Beschreibung der erreichbaren Security-Levels wird in dieser grundlegenden Anforderung angepasst mit dem Ziel, die einem identifizierten und authentifizierten Nutzer (menschlicher Nutzer, Softwareprozess oder Gerät) zugewiesenen Rechte und Einschränkungen zu erzwingen.

- SL 1 – Beschränkung der Nutzung des IACS entsprechend den festgelegten Berechtigungen, um vor gelegentlichem oder zufälligem Missbrauch zu schützen.
- SL 2 – Beschränkung der Nutzung des IACS entsprechend den festgelegten Berechtigungen, um vor Überlistung durch Personen oder Stellen, die mit einfachen Mitteln bei geringen Ressourcen, allgemeinen Fertigkeiten und geringer Motivation vorgehen, zu schützen.
- SL 3 – Beschränkung der Nutzung des IACS entsprechend den festgelegten Berechtigungen, um vor Überlistung durch Personen oder Stellen, die mit raffinierten Mitteln und mittleren Ressourcen, IACS spezifischen Fertigkeiten und mittlerer Motivation vorgehen, zu schützen.
- SL 4 – Beschränkung der Nutzung des IACS entsprechend den festgelegten Berechtigungen, um vor Überlistung durch Personen oder Stellen, die mit raffinierten Mitteln und erheblichen Ressourcen, IACS spezifischen Fertigkeiten und hoher Motivation vorgehen, zu schützen.

Die folgende Tabelle zeigt auf, welche SR und RE bei einem erreichbaren Level SL-C für die Nutzungskontrolle zutreffen.

SRs und REs	L 1	SL 2	SL 3	SL 4
FR 2 – Nutzungskontrolle (UC)				
SR 2.1 – Durchsetzung der Autorisierung	✓	✓	✓	✓
SR 2.1 RE 1 – Durchsetzung der Autorisierung für alle Nutzer		✓	✓	✓
SR 2.1 RE 2 – Abbildung der Berechtigung auf Nutzerrollen		✓	✓	✓
SR 2.1 RE 3 – Eingriffe des Aufsichtspersonals			✓	✓
SR 2.1 RE 4 – Doppelte Zustimmung				✓
SR 2.2 –Nutzungskontrolle von Funkverbindungen	✓	✓	✓	✓
SR 2.2 RE 1 – Nicht genehmigte drahtlose Geräte erkennen und anzeigen			✓	✓
SR 2.3 – Nutzungskontrolle von tragbaren und mobilen Geräten	✓	✓	✓	✓
SR 2.3 RE 1 – Security-Status tragbarer und mobiler Geräte durchsetzen			✓	✓
SR 2.4 – Mobiler Code	✓	✓	✓	✓
SR 2.4 RE 1 – Prüfung der Integrität mobilen Codes			✓	✓
SR 2.5 – Sitzungssperrung	✓	✓	✓	✓
SR 2.6 – Beendigung einer Fernzugriffssitzung		✓	✓	✓
SR 2.7 – Begrenzung der Anzahl gleichzeitiger Sitzungen			✓	✓
SR 2.8 –Prüfbare Ereignisse und deren Aufzeichnung	✓	✓	✓	✓
SR 2.8 RE 1 – Zentral verwaltete systemweite Ereignisaufzeichnung			✓	✓
SR 2.9 – Speicherkapazität für Aufzeichnungen	✓	✓	✓	✓
SR 2.9 RE 1 – Warnung beim Erreichen der Kapazitätsgrenze zur Speicherung von Ereignisdatensätzen			✓	✓
SR 2.10 – Reaktion auf ausgefallene Ereignisdatenverarbeitung	✓	✓	✓	✓
SR 2.11 – Zeitstempel		✓	✓	✓
SR 2.11 RE 1 – Interne Systemtakte			✓	✓
SR 2.11 RE 2 – Schutz und Integrität der Zeitquelle				✓
SR 2-12 – Nicht-Abstreitbarkeit			✓	✓
SR 2.12 RE 1 – Nicht-Abstreitbarkeit für alle Nutzer				✓

FR 3 – Systemintegrität

Die Integrität des zu schützenden Assets sollte sowohl im Betriebszustand als auch in Nicht-Betriebszuständen aufrechterhalten werden, beispielsweise während der Produktion, im Lager oder wenn die Anlage zum Zwecke der Instandhaltung heruntergefahren wurde. Die Integrität der logischen Vermögenswerte sollte bei deren Übertragung und Speicherung aufrechterhalten werden, beispielsweise bei der Übertragung über ein Kommunikationsnetz oder bei der Ablage in einem Datenbestand.

Die allgemeine Beschreibung der erreichbaren Security-Levels in dieser grundlegenden Anforderung wurde angepasst mit dem Ziel, die Integrität des industriellen Leitsystems sicherzustellen und Manipulation zu verhindern.

- SL 1 – Schutz der Integrität des IACS gegen gelegentliche oder zufällige Manipulation.
- SL 2 – Schutz der Integrität des IACS gegen Manipulation durch Personen oder Stellen, die mit einfachen Mitteln, geringen Ressourcen, allgemeinen Fertigkeiten und geringer Motivation vorgehen.
- SL 3 – Schutz der Integrität des IACS gegen Manipulation durch Personen oder Stellen, die mit raffinierten Mitteln, mittleren Ressourcen, IACS-spezifische Fertigkeiten und mittlerer Motivation vorgehen.
- SL 4 – Schutz der Integrität des IACS gegen Manipulation durch Personen oder Stellen, die mit raffinierten Mitteln, erheblichen Ressourcen, IACS-spezifische Fertigkeiten und hoher Motivation vorgehen.

Die folgende Tabelle zeigt auf, welche SR und RE bei einem erreichbaren Security-Level SL-C für die Systemintegrität zutreffen.

SRs und REs	**SL 1**	**SL 2**	**SL 3**	**SL 4**
FR 3 – Systemintegrität (SI)				
SR 3.1 – Kommunikationsintegrität	✓	✓	✓	✓
SR 3.1 RE 1 – Kryptographische Securitymaßnahmen zur Bewahrung der Integrität			✓	✓
SR 3.2 – Schutz vor Schadcode	✓	✓	✓	✓
SR 3.2 RE 1 – Schutz vor Schadcode an Eingangs- und Ausgangspunkten		✓	✓	✓
SR 3.2 RE 2 – Zentrales Management und Meldewesen zum Schutz vor Schadcode			✓	✓
SR 3.3 – Verifikation der IT-Sicherheitsfunktionalität	✓	✓	✓	✓
SR 3.3 RE 1 – Automatisierte Mechanismen zur Verifikation der IT-Sicherheitsfunktionalität			✓	✓
SR 3.3 RE 2 – Verifikation der IT-Sicherheitsfunktionalität im laufenden Betrieb				✓
SR 3.4 – Software- und Informationsintegrität	✓	✓	✓	✓
SR 3.4 RE 1 – Automatisierte Hinweise auf IT-Sicherheitsverstöße			✓	✓
SR 3.5 – Eingabevalidierung	✓	✓	✓	✓
SR 3.6 – Vorbestimmte Zustände der Ausgänge	✓	✓	✓	✓
SR 3.7 – Fehlerbehandlung		✓	✓	✓
SR 3.8 – Sitzungsintegrität		✓	✓	✓
SR 3.8 RE 1 – Annullierung der Sitzungskennungen nach Sitzungsbeendigung			✓	✓
SR 3.8 RE 2 – Erzeugung einer eindeutigen Sitzungskennung			✓	✓
SR 3.8 RE 3 – Zufälligkeit der Sitzungskennungen				✓
SR 3.9 – Schutz von Prüfinformationen		✓	✓	✓
SR 3.9 RE 1 – Ereignisdatensätze auf nur einmal beschreibbaren Speichermedien				✓

FR 4 – Vertraulichkeit der Daten

Abhängig von der Kritikalität der Daten müssen Kommunikationskanäle und Datenbestände gegen Abhören und nicht autorisierten Zugriff geschützt werden.

Die allgemeine Beschreibung der erreichbaren Security-Levels nach 4.5 wird in dieser grundlegenden Anforderung angepasst mit dem Ziel, die Vertraulichkeit von Daten in Kommunikationskanälen und Datenbeständen sicherzustellen, um deren nicht autorisierte Offenlegung zu verhindern.

- SL 1 – Die nicht autorisierte Offenlegung von Informationen durch Abhören oder zufälliges Aufdecken verhindern.
- SL 2 – Die nicht autorisierte Offenlegung von Informationen an eine danach aktiv mit einfachen Mitteln bei geringem Aufwand, allgemeinen Fertigkeiten und geringer Motivation suchende Person oder Stelle verhindern.
- SL 3 – Die nicht autorisierte Offenlegung von Informationen an eine danach aktiv mit raffinierten Mitteln und moderatem Aufwand, IACS-spezifische Fertigkeiten und mittlerer Motivation suchende Person oder Stelle verhindern.
- SL 4 – Die nicht autorisierte Offenlegung von Informationen an eine danach aktiv mit raffinierten Mitteln und erheblichem Aufwand, IACS-spezifische Fertigkeiten und hoher Motivation suchende Person oder Stelle verhindern.

Die folgende Tabelle zeigt auf, welche SR und RE bei einem erreichbaren Security-Level SL-C für die Vertraulichkeit der Daten zutreffen.

SRs und REs	**SL 1**	**SL 2**	**SL 3**	**SL 4**
FR 4 – Vertraulichkeit der Daten (DC)				
SR 4.1 – Vertraulichkeit von Informationen	✓	✓	✓	✓
SR 4.1 RE 1 – Schutz der Vertraulichkeit bei der Speicherung oder Übertragung über nicht vertrauenswürdige Netze		✓	✓	✓
SR 4.1 RE 2 – Schutz der Vertraulichkeit über Zonengrenzen hinweg				✓
SR 4.2 – Dauerhaftigkeit von Informationen		✓	✓	✓
SR 4.2 RE 1 – Bereinigung gemeinsam genutzter Speicher			✓	✓
SR 4.3 – Verwendung von Verschlüsselung	✓	✓	✓	✓

FR 5 – Eingeschränkter Datenfluss

Anhand einer Risikoeinschätzung muss die Netzwerkarchitektur festgelegt werden, um den Datenfluss auf das minimal Nötige zu begrenzen.

Die allgemeine Beschreibung der erreichbaren Security-Levels wird in dieser grundlegenden Anforderung angepasst, mit dem Ziel, die Automatisierungslösung in Zonen und Conduits aufzuteilen, um einen unnötigen Datenfluss zu verhindern.

- SL 1 – Die gelegentliche oder zufällige Umgehung der Aufteilung in Zonen und Conduits verhindern.
- SL 2 – Die absichtliche Umgehung der Aufteilung in Zonen und Conduits durch Personen oder Stellen, die mit einfachen Mitteln, geringen Ressourcen, allgemeinen Fertigkeiten und geringer Motivation vorgehen, verhindern.

- SL 3 – Die absichtliche Umgehung der Aufteilung in Zonen und Conduits durch Personen oder Stellen, die mit raffinierten Mitteln, mittleren Ressourcen, IACS-spezifische Fertigkeiten und mittlerer Motivation vorgehen, verhindern.
- SL 4 – Die absichtliche Umgehung der Aufteilung in Zonen und Conduits durch Personen oder Stellen, die mit raffinierten Mitteln, erheblichen Ressourcen, IACS-spezifische Fertigkeiten und hoher Motivation vorgehen, verhindern.

Die folgende Tabelle zeigt auf, welche SR und RE bei einem erreichbaren Security-Level SL-C für die Austeuerung des Datenflusses zutreffen.

SRs und REs	**SL 1**	**SL 2**	**SL 3**	**SL 4**
FR 5 – Eingeschränkter Datenfluss (RDF)				
SR 5.1 – Netzaufteilung	✓	✓	✓	✓
SR 5.1 RE 1 – Physikalische Netzaufteilung		✓	✓	✓
SR 5.1 RE 2 – Unabhängigkeit von nicht-automatisierungstechnischen Netzen			✓	✓
SR 5.1 RE 3 – Logische und physikalische Isolierung kritischer Netze				✓
SR 5.2 – Schutz der Zonengrenze	✓	✓	✓	✓
SR 5.2 RE 1 – Deny by default, allow by exception		✓	✓	✓
SR 5.2 RE 2 – Inselmodus			✓	✓
SR 5.2 RE 3 – Fail close			✓	✓
SR 5.3 – Beschränkung der Verwendung der persönlichen Kommunikation	✓	✓	✓	✓
SR 5.3 RE 1 – Verbot der Verwendung der persönlichen Kommunikation			✓	✓
SR 5.4 – Partitionierung von Anwendungen	✓	✓	✓	✓

FR 6 – Rechtzeitige Reaktion auf Ereignisse

Betreiber sollten eindeutige Kommunikations- und Eingriffswege festlegen, um auf gewollte oder ungewollte Angriffe zu reagieren. Mechanismen zur Erfassung, Weiterleitung, Aufbewahrung und automatischen Korrelation forensischer Beweise sollten zeitnahe Gegenmaßnahmen sicherzustellen. Der Einsatz von Überwachungswerkzeugen und -techniken sollte die Leistung des Automatisierungssystems nicht nachteilig beeinflussen.

Die allgemeine Beschreibung der erreichbaren Security-Levels wird in dieser grundlegenden Anforderung angepasst mit dem Ziel, Angriffe gegen die Security frühzeitig zu detektieren.

- SL 1 – Den Betrieb des IACS überwachen und auf Vorfälle reagieren, sobald diese entdeckt worden sind, durch die Erfassung und Weitergabe forensischer Beweise auf Nachfrage.
- SL 2 – Den Betrieb des IACS überwachen und auf Vorfälle reagieren, sobald diese entdeckt worden sind, durch aktive Erfassung und periodisches Berichten forensischer Beweise.
- SL 3 – Den Betrieb des IACS überwachen und auf Vorfälle reagieren, sobald diese entdeckt worden sind, durch aktive Erfassung und Weiterleiten forensischer Beweise an die richtige Stelle.
- SL 4 – Den Betrieb des IACS überwachen und auf Vorfälle reagieren, sobald diese entdeckt worden sind, durch aktive Erfassung und Weiterleiten forensischer Beweise an die richtige Stelle, in nahezu Echtzeit.

Die folgende Tabelle zeigt auf, welche SR und RE bei einem erreichbaren Security-Level SL-C für die rechtzeitige Reaktion auf Ereignisse zutreffen.

SRs und REs	SL 1	SL 2	SL 3	SL 4
FR 6 – Rechtzeitige Reaktion auf Ereignisse (TRE)				
SR 6.1 – Zugriffsmöglichkeit auf Ereignisprotokolle	✓	✓	✓	✓
SR 6.1 RE 1 – Programmgesteuerter Zugriff auf Ereignisprotokolle			✓	✓
SR 6.2 – Kontinuierliche Überwachung		✓	✓	✓

FR 7 – Ressourcenverfügbarkeit

Das Ziel dieser Reihe von SR ist es, sicherzustellen, dass die Automatisierungslösung gegen verschiedene Arten von Nicht-Verfügbarkeit widerstandsfähig ist. Dieses schließt die teilweise oder vollständige Nicht-Verfügbarkeit von Systemfunktionen auf verschiedenen Ebenen ein. Insbesondere sollten Security-Vorfälle in der Automatisierungslösung keine sicherheitstechnischen Systeme oder andere sicherheitsbezogene Funktionen beeinträchtigen.

Die allgemeine Beschreibung der erreichbaren Security-Levels wird in dieser grundlegenden Anforderung angepasst mit dem Ziel, die Verfügbarkeit des Automatisierungssystems sicherzustellen, um der Verschlechterung oder Ablehnung wesentlicher Dienste entgegenzuwirken (Denial of service: DoS).

- SL 1 – Sicherstellen, dass die Automatisierungslösung unter normalen Produktionsbedingungen zuverlässig arbeitet und DoS-Situationen verhindert, die durch gelegentliche oder zufällige Handlungen einer Person oder Stelle verursacht werden.
- SL 2 – Sicherstellen, dass die Automatisierungslösung unter normalen und außergewöhnlichen Produktionsbedingungen zuverlässig arbeitet und DoS-Situationen durch Personen oder Stellen verhindert, die mit einfachen Mitteln, geringen Ressourcen, allgemeinen Fertigkeiten und geringer Motivation vorgehen.
- SL 3 – Sicherstellen, dass die Automatisierungslösung unter normalen, außergewöhnlichen und extremen Produktionsbedingungen zuverlässig arbeitet und DoS-Situationen durch Personen oder Stellen verhindert, die mit raffinierten Mitteln, mittleren Ressourcen, IACS-spezifische Fertigkeiten und mittlerer Motivation vorgehen.
- SL 4 – Sicherstellen, dass die Automatisierungslösung unter normalen, außergewöhnlichen und extremen Produktionsbedingungen zuverlässig arbeitet und DoS-Situationen durch Personen oder Stellen verhindert, die mit raffinierten Mitteln, erheblichen Ressourcen, IACS-spezifische Fertigkeiten und hoher Motivation vorgehen.

Die folgende Tabelle zeigt auf, welche SR und RE bei einem erreichbaren Security-Level SL-C für die Ressourcenverfügbarkeit zutreffen.

SRs und REs	SL 1	SL 2	SL 3	SL 4
FR 7 – Ressourcenverfügbarkeit (RA)				
SR 7.1 – Schutz gegen DoS-Ereignisse	✓	✓	✓	✓
SR 7.1 RE 1 – Netzbelastung steuern		✓	✓	✓
SR 7.1 RE 2 – DoS-Auswirkungen auf andere Systeme oder Netze begrenzen			✓	✓

SRs und REs	SL 1	SL 2	SL 3	SL 4
FR 7 – Ressourcenverfügbarkeit (RA)				
SR 7.2 – Ressourcenmanagement	✓	✓	✓	✓
SR 7.3 – Datensicherung im Leitsystem	✓	✓	✓	✓
SR 7.3 RE 1 – Verifikation der Datensicherung		✓	✓	✓
SR 7.3 RE 2 – Automatisierung der Datensicherung			✓	✓
SR 7.4 – Wiederherstellung des Automatisierungssystems	✓	✓	✓	✓
SR 7.5 – Notstromversorgung	✓	✓	✓	✓
SR 7.6 – Netzwerk- und IT-Sicherheitseinstellungen	✓	✓	✓	✓
SR 7.6 RE 1 – Maschinenlesbare Meldungen der momentanen IT-Sicherheitseinstellungen			✓	✓
SR 7.7 – Geringste Funktionalität	✓	✓	✓	✓
SR 7.8 – Verzeichnis der Komponenten eines Automatisierungssystems		✓	✓	✓

A.4 IEC 62443-4-1

Der Teil IEC 62443-4-1 spezifiziert die Anforderungen für die Berücksichtigung der Security in den Entwicklungsprozess von Produkten, die in Automatisierungslösungen eingesetzt werden. Das Dokument deckt den gesamten Produkt-Lebenszyklus ab, von der Definition der Securityanforderungen über Security by Design, Sichere Implementierung (einschließlich Codierungsrichtlinien), Verifikation und Validierung, Schwachstellenbehandlung, Patch-Management bis zum Zurückziehen des Produkts geht.

Die Anforderungen können für neue oder bestehende Prozesse angewendet werden, für die Entwicklung, Pflege und das Zurückziehen von Hardware, Software oder Firmware von neuen oder bestehenden Produkten. Die Adressaten dieses Dokuments sind die Verantwortlichen für die Entwicklung und Pflege der Produkte. Die Anforderungen adressieren den Produkthersteller und schließen die Unterstützung weiterer Protagonisten, wie z. B. Systemintegratoren oder Betreiber, während der Vermarktung des Produkts ein.

Das Hauptziel ist, ein Rahmenwerk zu schaffen, um die Integration der Security in das Design der Produkte (Security by Design) zu definieren, der auf einer Defense-in-Depth-Strategie basiert. Damit kann das Vertrauen gesteigert werden, dass die Security-Risiken, die mit dem Einsatz der Komponente oder des Automatisierungssystems verbunden sind, im Rahmen des tolerablen Restrisikos entlang des Lebenszyklus bleiben. Ein weiteres Ziel der Anforderungen ist, den Entwicklungsprozess an den Sicherheitsbedürfnissen der Anwender (Betreiber, Integratoren, Dienstleister für Wartung) auszurichten. Insbesondere müssen aus dem Prozess gut dokumentierte Richtlinien für die Security-Konfiguration, das Patch-Management und der Härtung entstehen sowie klare und kurze Kommunikationen über die Angriffsmöglichkeiten, die ggf. in den Produkten während der Vermarktung entdeckt werden.

Im folgenden Bild werden die Beiträge der Design-Prinzipien im Rahmen einer Defense-in-Depth-Strategie für das Produkt dargestellt. Nicht dargestellt sind die Mängelbehandlung und das Patch-Management. Ein Schlüsselkonzept des Dokuments ist die Modellierung der Bedrohungen und die Durchführung von Analysen, um Gegenmaßnahmen im Produkt zu implementieren.

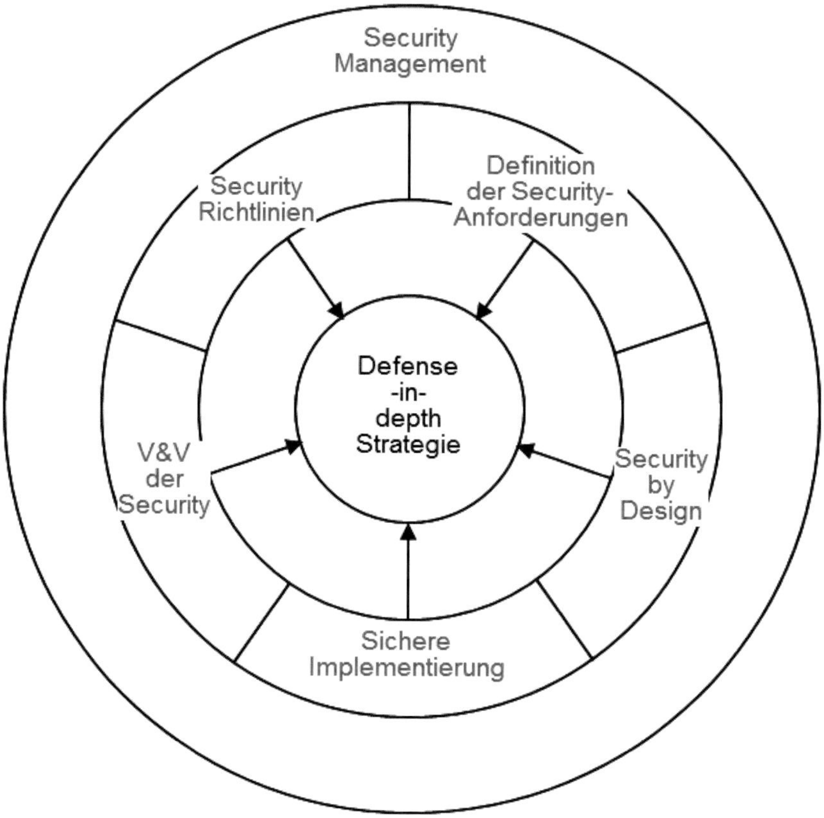

Bild A.1 Die Defense-in-Depth-Strategie ist ein Schlüsselprinzip für Security im Produkt-Lebenszyklus.

Die Anforderungen werden in acht Tätigkeitsbereiche, sog. „*Practices*“ gegliedert, die sich an dem dargestellten Zyklus orientieren. Die Tabelle in den Abschnitten gibt einen Überblick über den aktuellen Stand der Anforderungen. Da das Dokument noch vorläufig ist, wurde die englische Bezeichnung beibehalten.

Practice 1 – Security-Management (Security Management, SM)

Das Ziel des Security-Managements ist es, sicherzustellen, dass die Security-Aktivitäten geplant, dokumentiert und entlang des Lebenszyklus ausgeführt werden, um deren Effizienz sicherzustellen. Wichtig ist z. B. eine ausreichende Ressourcenplanung oder ein an die geforderte Security des Produkts angepasstes Lieferantenmanagement.

SM-1 – Development process
SM-2 – Identification of responsibilities
SM-3 – Identification of applicability
SM-4 – Security expertise
SM-5 – Process scoping
SM-6 – File integrity

SM-7 – Development environment security
SM-8 – Controls for private keys
SM-9 – Security requirements for externally provided components
SM-10 – Custom developed components from third-party suppliers
SM-11 – Assessing and addressing of security-related issues
SM-12 – Process verification
SM-13 – Continuous improvement

Practice 2 – Definition der Securityanforderungen (Specification of security requirements, SR)

Die Prozesse in diesem Abschnitt haben zum Ziel, die Securityfunktionen zu dokumentieren, die vom Produkt in Rahmen seiner geplanten Einsatzumgebung erfüllt werden sollen. Die geplante Einsatzumgebung kann z. B. den physischen Zugang oder den Schutz durch eine externe Firewall einschließen. Die Teile IEC 62443-3-3 und IEC 62443-4-2 sind Kataloge möglicher Securityfunktionen, die für das Produkt selbst oder für ergänzende Anforderungen an die Produktumgebung herangezogen werden können.

SR-1 – Product security context
SR-2 – Threat model
SR-3 – Product security requirements
SR-4 – Product security requirements content
SR-5 – Security requirements review

Practice 3 – Security by design (Secure by design, SD)

Die Prozesse in diesem Abschnitt sollen sicherstellen, dass das Produkt in seinem Design die Security integriert. Die Prozesse sollen in allen Phasen des Designs angewendet werden, von der Konzeptphase bis zum detaillierten Design und über alle Ebenen des Produkt-Designs von der Architektur bis zum Auslegen der einzelnen Komponenten.

SD-1 – Secure design principles
SD-2 – Defense in depth design
SD-3 – Security design review
SD-6 – Secure design best practices

Practice 4 – Sichere Implementierung (Secure implementation, SI)

Die Prozesse in diesem Abschnitt sollen sicherstellen, dass die Produkt-Fähigkeiten sicher implementiert werden.

SI-1 – Security implementation review
SI-2 – Secure coding standards

Practice 5 – Verifikation und Validierung der Security (Security verification and validation testing, SV)

Die Prozesse in diesem Abschnitt haben zum Ziel, das Testen zu dokumentieren, um zum Ersten sicherzustellen, dass alle Securityanforderungen erfüllt werden. Ein zweites Ziel ist sicherzustellen, dass die Security des Produkts ausreichend gepflegt wird, wenn das Produkt in der geplanten Umgebung eingesetzt wird und für eine Defense-in-Depth-Strategie konfiguriert wird.

Das Testen der Security kann zu verschiedenen Zeitpunkten und von unterschiedlichem Personal entlang des Entwicklungs-Lebenszyklus durchgeführt werden, je nach Art des Testens und des Entwicklungsmodells des Produktherstellers. Zum Beispiel kann das sog. *„fuzzing testing"* während der Software-Entwicklung durch das Entwicklungsteam und später durch das Testteam durchgeführt werden.

Vier Arten von Testen werden in diesem Abschnitt angesprochen:

a. Testen der Securityanforderungen: Dieses Testen fokussiert auf die Verifikation, dass alle Anforderungen des Security-Lastenhefts erfüllt werden.

b. Testen der Gegenmaßnahmen gegen Bedrohungen: Dieses Testen wird von Bedrohungsbäumen abgeleitet, die bei der Identifikation und der Modellierung der Bedrohungen erzeugt werden, und stellt sicher, dass die Gegenmaßnahmen effizient gegen die betrachteten Bedrohungen sind.

c. Allgemeines Testen von Angriffsmöglichkeiten: Dieses Testen fokussiert auf den Einsatz von Werkzeugen oder veröffentlichten Anleitungen, um potenzielle Angriffsmöglichkeiten zu entdecken.

d. Eindringungstests: Dieses Testen fokussiert auf den Missbrauch der Verfügbarkeit, Integrität und Vertraulichkeit des Produkts.

SV-1 – Security requirements testing
SV-2 – Threat mitigation testing
SV-3 – Vulnerability testing
SV-4 – Penetration testing
SV-5 – Independence of testers

Practice 6 – Management der Security-Mängel (Security defect management, DM)

Diese Prozesse finden ihren Einsatz in der Behandlung von Security-Vorfällen von Produkten, die konfiguriert wurden, um eine Defense-in-Depth-Strategie (Practice 3) in der geplanten Einsatzumgebung umzusetzen (Practice 2).

DM-1 – Receiving notifications of security-related issues
DM-2 – Reviewing security-related issues
DM-3 – Assessing security-related issues
DM-4 – Addressing security-related issues
DM-5 – Disclosing security-related issues
DM-6 – Periodic review of security defect management practice

Practice 7 – Management der Security-Aktualisierung (Security update management, PM)

Die Prozesse in diesem Abschnitt werden verwendet, um sicherzustellen, dass Security-Aktualisierungen des Produkts auf Regression getestet werden und für die Anwender in einem angemessenen Zeitraum zur Verfügung gestellt werden.

PM-1 – Security update qualification
PM-2 – Security update documentation
PM-3 – Dependent component or operating system security update documentation
PM-4 – Security update delivery
PM-5 – Timely delivery of security patches

Practice 8 – Security-Anleitungen (Security guidelines, SG)

Diese Prozesse sollen sicherstellen, dass eine Dokumentation zur Verfügung gestellt wird, die beschreibt, wie das Produkt für die Defense-in-Depth-Strategie des Produkts im Rahmen seiner geplanten Einsatzumgebung (Practice 2) zu integrieren, konfigurieren und warten ist. Der Teil IEC 62443-2-4 beschreibt zusätzliche Härtungsanforderungen für den Einsatz dieser Dokumentation durch Dienstleister für industrielle Automatisierungssysteme.

Die Umsetzung und die Aufrechterhaltung einer Defense-in-Depth-Strategie muss typischerweise Folgendes adressieren:

a. Prozesse und Richtlinien, die mit der Einsatzumgebung verbunden sind, wie in Practice 1 beschrieben,
b. Konzept der Netzwerkarchitektur, z. B. das Platzieren von Firewalls und den Einsatz von kompensierenden Securitymaßnahmen (siehe Practice 3),
c. Konfiguration der Security-Einstellungen und -Optionen, z. B. die Konfiguration der Firewall-Regeln und die Verwaltung der Nutzer-Accounts mit ihren Rechten,
d. die Verwendung von Werkzeugen, um die Härtung zu unterstützen.

In dem Abschnitt ist das Patchen nicht enthalten, weil dieses bereits in Practice 7 enthalten ist.

Der Abschnitt beschreibt auch Anforderungen für die Entwicklung und die Pflege der Dokumentation, insbesondere die Erzeugung, Pflege und Bereitstellung der Härtungsbeschreibung. Die Härtung des Produkts in einer Anlage erfolgt in der Regel auf Basis einer Risikobewertung (siehe dazu auch IEC 62443-3-2).

SG-1 – Product defense in depth
SG-2 – Defense in depth measures expected in the environment
SG-3 – Security hardening guidelines
SG-4 – Secure disposal guidelines
SG-5 – Secure operation guidelines
SG-6 – Account management guidelines
SG-7 – Documentation review

A.5 IEC 62442-4-2

Dieser Teil der Norm erweitert die Security-Systemanforderungen und weitergehenden Anforderungen (SR und RE) der IEC 62443-3-3 in einer Liste von Anforderungen (*CR, Component Requirement*) und weitergehenden Anforderungen (*RE, Requirement Enhancement*) an die Komponenten, die in einer Automatisierungslösung eingesetzt werden. Es werden vier Klassen unterschieden:

- Software-Applikationen (Software *Applications*), z. B. Software für Archivierung oder Dokumentation,
- PC-basierte Stationen (*Host Devices*), z. B. Operator oder Engineering-Stationen,
- eingebettete Geräte (*Embedded Devices*), z. B. Speicherprogrammierbare Steuerungen oder Intelligente Elektronische Einheiten,
- Netzwerkkomponenten (*Network Devices*), z. B. Firewalls, Switches oder Gateways.

Um den Leser zu unterstützen, wird jede Anforderung mit einer Begründung und zusätzlichen Informationen ergänzt. Wie in IEC 62443-3-3 werden die CRs und REs auf erreichbare Levels der Komponenten abgebildet (*Components Capability Security Level*). Die Levels werden von den erreichbaren Levels der entsprechenden Security-Systemanforderungen des Teils IEC 62443-3-3 abgeleitet. Auch die thematische Unterteilung entspricht den grundlegenden Anforderungen FR 1 bis FR 7 der IEC 62443-3-3.

Viele Anforderungen sind dieselben für vier Arten von Komponenten und werden als Komponentenanforderung CR aufgelistet. Gibt es abhängig von der Komponentenklasse Besonderheiten, so werden diese als Anforderungen an Applikationen (*SAR, Software Application Requirement*), PC-basierte Stationen (*HDR, Host Device Requirement*), Netzwerkkomponenten (*NDR, Network Device Requirement*) oder eingebettete Geräte (*EDR, Embedded Device Requirement*) unterschieden.

Die folgende Tabelle gibt einen Überblick der Zuordnung der Anforderungen an Komponenten zu den erreichbaren Levels.

BRs und REs	SL 1	SL 2	SL 3	SL 4
FR 1 – Identification and access control				
CR 1.1 – Human user identification and authentication	✓	✓	✓	✓
RE (1) Unique identification and authentication		✓	✓	✓
RE (2) Multifactor authentication for all interfaces			✓	✓
CR 1.2 – Software process and device identification and authentication		✓	✓	✓
RE (1) Unique identification and authentication			✓	✓
CR 1.3 – Account management	✓	✓	✓	✓
CR 1.4 – Identifier management	✓	✓	✓	✓
CR 1.5 – Authenticator management	✓	✓	✓	✓
RE (1) Hardware security for authenticators			✓	✓
NDR 1.6 – Wireless access management	✓	✓	✓	✓
RE (1) Unique identification and authentication		✓	✓	✓
CR 1.7 – Strength of password-based authentication	✓	✓	✓	✓

BRs und REs	SL 1	SL 2	SL 3	SL 4
RE (1) Password generation and lifetime restrictions for human users			✓	✓
RE (2) Password lifetime restrictions for all users (human, software process, or device)				✓
CR 1.8 – Public key infrastructure certificates		✓	✓	✓
CR 1.9 – Strength of public key authentication		✓	✓	✓
RE (1) Hardware security for public key authentication			✓	✓
CR 1.10 – Authenticator feedback	✓	✓	✓	✓
CR 1.11 – Unsuccessful login attempts	✓	✓	✓	✓
CR 1.12 – System use notification	✓	✓	✓	✓
CR 1.13 – Access via untrusted networks				
NDR 1.13 – Access via untrusted networks	✓	✓	✓	✓
RE (1) Explicit access request approval			✓	✓
CR 1.14 – Strength of symmetric key authentication		✓	✓	✓
RE (1) Hardware security for symmetric key authentication			✓	✓
FR 2 – Use control				
CR 2.1 – Authorization enforcement	✓	✓	✓	✓
RE (1) Authorization enforcement for all users (humans, software processes and devices)		✓	✓	✓
RE (2) Permission mapping to roles		✓	✓	✓
RE (3) Supervisor override			✓	✓
RE (4) Dual approval				✓
CR 2.2 – Wireless use control	✓	✓	✓	✓
CR 2.3 – Use control for portable and mobile devices	✓	✓	✓	✓
SAR 2.4 – Mobile code	✓	✓	✓	✓
RE (1) Mobile code integrity check		✓	✓	✓
EDR 2.4 – Mobile code	✓	✓	✓	✓
RE (1) Mobile code integrity check		✓	✓	✓
HDR 2.4 – Mobile code	✓	✓	✓	✓
RE (1) Mobile code integrity check		✓	✓	✓
NDR 2.4 – Mobile code	✓	✓	✓	✓
RE (1) Mobile code integrity check		✓	✓	✓
CR 2.5 – Session lock	✓	✓	✓	✓
CR 2.6 – Remote session termination		✓	✓	✓
CR 2.7 – Concurrent session control			✓	✓
CR 2.8 – Auditable events	✓	✓	✓	✓
CR 2.9 – Audit storage capacity	✓	✓	✓	✓
RE (1) Warn when audit record storage capacity threshold reached			✓	✓

BRs und REs	SL 1	SL 2	SL 3	SL 4
CR 2.10 – Response to audit processing failures	✓	✓	✓	✓
CR 2.11 – Timestamps	✓	✓	✓	✓
RE (1) Time synchronization		✓	✓	✓
RE (2) Protection of time source integrity				✓
CR 2.12 – Non-repudiation	✓	✓	✓	✓
RE (1) Non-repudiation for all users				✓
EDR 2.13 – Use of physical diagnostic and test interfaces		✓	✓	✓
RE (1) Active monitoring			✓	✓
HDR 2.13 – Use of physical diagnostic and test interfaces		✓	✓	✓
RE (1) Active monitoring			✓	✓
NDR 2.13 – Use of physical diagnostic and test interfaces		✓	✓	✓
RE (1) Active monitoring			✓	✓
FR 3 – System integrity				
CR 3.1 – Communication integrity	✓	✓	✓	✓
RE (1) Communication authentication		✓	✓	✓
SAR 3.2 – Protection from malicious code	✓	✓	✓	✓
EDR 3.2 – Protection from malicious code	✓	✓	✓	✓
HDR 3.2 – Protection from malicious code	✓	✓	✓	✓
RE (1) Report version of code protection		✓	✓	✓
NDR 3.2 – Protection from malicious code	✓	✓	✓	✓
CR 3.3 – Security functionality verification	✓	✓	✓	✓
RE (1) Security functionality verification during normal operation				✓
CR 3.4 – Software and information integrity	✓	✓	✓	✓
RE (1) Authenticity of software and information		✓	✓	✓
RE (2) Automated notification of integrity violations			✓	✓
CR 3.5 – Input validation	✓	✓	✓	✓
CR 3.6 – Deterministic output	✓	✓	✓	✓
CR 3.7 – Error handling	✓	✓	✓	✓
CR 3.8 – Session integrity		✓	✓	✓
CR 3.9 – Protection of audit information		✓	✓	✓
RE (1) Audit records on write-once media				✓
EDR 3.10 – Support for updates	✓	✓	✓	✓
RE (1) Update authenticity and integrity		✓	✓	✓
HDR 3.10 – Support for updates	✓	✓	✓	✓
RE (1) Update authenticity and integrity		✓	✓	✓
NDR 3.10 – Support for updates	✓	✓	✓	✓
RE (1) Update authenticity and integrity		✓	✓	✓

BRs und REs	**SL 1**	**SL 2**	**SL 3**	**SL 4**
EDR 3.11 – Physical tamper resistance and detection		✓	✓	✓
RE (1) Notification of a tampering attempt			✓	✓
HDR 3.11 – Physical tamper resistance and detection		✓	✓	✓
RE (1) Notification of a tampering attempt			✓	✓
NDR 3.11 – Physical tamper resistance and detection		✓	✓	✓
RE (1) Notification of a tampering attempt			✓	✓
EDR 3.12 – Provisioning product supplier roots of trust		✓	✓	✓
HDR 3.12 – Provisioning product supplier roots of trust		✓	✓	✓
NDR 3.12 – Provisioning product supplier roots of trust		✓	✓	✓
EDR 3.13 – Provisioning asset owner roots of trust		✓	✓	✓
HDR 3.13 – Provisioning asset owner roots of trust		✓	✓	✓
NDR 3.13 – Provisioning asset owner roots of trust		✓	✓	✓
EDR 3.14 – Integrity of the boot process	✓	✓	✓	✓
RE (1) Integrity of the boot chain		✓	✓	✓
RE (2) Authenticity of the boot process		✓	✓	✓
HDR 3.14 – Integrity of the boot process	✓	✓	✓	✓
RE (1) Authenticity of the boot process		✓	✓	✓
NDR 3.14 – Integrity of the boot process	✓	✓	✓	✓
RE (1) Authenticity of the boot process		✓	✓	✓
FR 4 – Data confidentiality				
CR 4.1 – Information confidentiality	✓	✓	✓	✓
CR 4.2 – Information persistence		✓	✓	✓
RE (1) Erase of shared memory resources			✓	✓
RE (2) Erase verification			✓	✓
CR 4.3 – Use of cryptography	✓	✓	✓	✓
FR 5 – Restricted data flow				
CR 5.1 – Network segmentation	✓	✓	✓	✓
NDR 5.2 – Zone boundary protection	✓	✓	✓	✓
RE (1) Deny all, permit by exception		✓	✓	✓
RE (2) Island mode			✓	✓
RE (3) Fail close			✓	✓
NDR 5.3 – General purpose, person-to-person communication restrictions	✓	✓	✓	✓
FR 6 – Timely response to events				
CR 6.1 – Audit log accessibility	✓	✓	✓	✓
RE (1) Programmatic access to audit logs			✓	✓
CR 6.2 – Continuous monitoring		✓	✓	✓

BRs und REs	**SL 1**	**SL 2**	**SL 3**	**SL 4**
FR 7 – Resource availability				
CR 7.1 – Denial of service protection	✓	✓	✓	✓
RE (1) Manage communication load from component		✓	✓	✓
CR 7.2 – Resource management	✓	✓	✓	✓
CR 7.3 – Control system backup	✓	✓	✓	✓
RE (1) Backup integrity verification		✓	✓	✓
CR 7.4 – Control system recovery and reconstitution	✓	✓	✓	✓
CR 7.5 – Emergency Power				
CR 7.6 – Network and security configuration settings	✓	✓	✓	✓
RE (1) Machine-readable reporting of current security settings			✓	✓
CR 7.7 – Least functionality	✓	✓	✓	✓
CR 7.8 – Control system component inventory		✓	✓	✓

Anhang B Weitere Dokumente der IEC 62443

B.1 IEC 62443-1-1

Die Edition 1 dieses Teils [3] wurde im Jahr 2009 als technische Spezifikation (*Technical Specification, TS*) veröffentlicht. Die Edition 2 ist in Bearbeitung.

Das Dokument definiert die Begriffe, Konzepte und Methoden, die übergeordnet die Grundsätze und Basis für die anderen Teile der Reihe IEC 62443 bilden. Insbesondere werden in der Edition 2 die im Abschnitt 4 beschriebenen Konzepte übernommen werden.

Das Dokument beschreibt den Anwendungsbereich, des Standards. Man kann diesen aus verschiedenen Geschichtspunkten beschreiben:

- Abgedeckte Funktionalitäten: Der Standard fokussiert hauptsächlich auf IACS, die als Referenzmodelle beschrieben werden.
- Systeme und Schnittstellen: Der Standard schließt alle Bestandteile, die den sicheren und verlässlichen Betrieb des gesamten IACS betreffen, ein.
- Aktivitäten: Ein System fällt in den Anwendungsbereich des Standards, wenn es den vorhersagbaren und sicheren Betrieb der Produktion, den Schutz des Personals und der Produktion, die Verfügbarkeit, Effizienz und Qualität der Produktion, den Schutz der Umwelt oder die Gesetzeskonformität zum Ziel hat.
- Betriebsmittel: Der Standard deckt die Betriebsmittel ab, die einen wirtschaftlichen Wert für den Betrieb oder die Produktion haben und erforderlich für den sicheren Betrieb des Prozesses und den Schutz von Personal und Umgebung sowie für den Schutz des geistigen Eigentums des Produktions- oder Betriebsprozesses sind.

B.2 IEC 62443-1-3

Das Dokument [4] soll die wesentlichen Metriken für die Bewertung eines Security-Programms während des Lebenszyklus eines IACS definieren.

Die gesteckten Ziele nehmen eine Messbarkeit der Security an. Die in diesem Buch beschriebenen Inhalte verdeutlichen jedoch, dass man die Security auf der Basis von Expertenwissen zwar bewerten kann, jedoch eine Messung, wie sie die Physik kennt, weder sinnvoll noch aussagekräftig ist.

B.3 IEC 62443-2-3

Dieser Teil der IEC 62443 [7] ist ein technischer Bericht (*Technical Report, TR*), der die Anforderungen für alle Protagonisten eines IACS, die an der Erstellung und Pflege eines Patch-Management-Programms beteiligt sind, beschreibt.

Es wird ein Format für die Verteilung von Informationen über Security-Patches empfohlen. Das Dokument beinhaltet eine Beschreibung von einigen Aktivitäten zur Entwicklung der Patch-Information durch die Produkthersteller sowie zur Auslegung und Installation von Patches durch die Betreiber. Das Austauschformat kann auch für nicht Security-relevante Patches und Aktualisierungen verwendet werden.

Der technische Bericht gibt eine Orientierung für alle Arten von Patches, sei es zur Korrektur von Fehlern, Zuverlässigkeitsproblemen oder Security-Angriffsmöglichkeiten. Es wird nicht unterschieden zwischen Patches, die für Betriebssysteme, Applikationen oder Geräte relevant sind, oder ob die Patches von Produktherstellern von Infrastruktur-Komponenten oder weiteren IACS-Komponenten oder Applikationen herausgegeben werden.

Der Patch-Zustand entlang seines Lebenszyklus wird in der folgenden Tabelle dargestellt. Der Begriff Produkthersteller schließt hier sowohl direkte Produkthersteller, deren Produkte in der Automatisierungslösung integriert sind, als auch Dienstleister für Integration oder Wartung ein. Die beschriebenen Aufgaben werden von verschiedenen Verantwortlichen erfüllt.

Patch-Zustand	Definition	verwaltet durch
verfügbar	Der Patch wurde von einer Drittstelle oder von einem Produkthersteller zur Verfügung gestellt, wurde aber noch nicht getestet.	Betreiber Produkthersteller
in Test	Der Patch wird von einem Produkthersteller getestet.	Produkthersteller
nicht genehmigt	Der Patch ist beim Test durch einen ICAS-Produkthersteller durchgefallen und sollte nicht eingesetzt werden bis der Produkthersteller bestätigt, dass der Patch genehmigt wurde.	Produkthersteller
nicht anwendbar	Der Patch wurde getestet, ist jedoch nicht relevant für die spezifische IACS-Umgebung.	Produkthersteller
genehmigt	Der Patch wurde erfolgreich durch den Produkthersteller getestet.	Produkthersteller
freigegeben	Der Patch wurde für den Einsatz vom Produkthersteller oder von einer Drittstelle freigegeben oder der Patch kann direkt vom Betreiber für das eigenentwickelte System eingesetzt werden.	Betreiber Produkthersteller
im internen Test	Der Patch wird durch das Testteam des Betreibers getestet.	Betreiber
nicht erlaubt	Der Patch hat den internen Test nicht bestanden oder ist nicht anwendbar.	Betreiber
erlaubt	Der Patch wurde vom Betreiber freigegeben und erfüllt die Organisationsstandards für das Update von Geräten oder durch Überprüfung wurde festgelegt, dass kein Test erforderlich ist.	Betreiber
wirksam	Der Patch wurde vom Betreiber zum Einsatz veröffentlicht.	Betreiber
installiert	Der Patch wurde in der Automatisierungslösung installiert.	Betreiber

Das Patch-Management ist eine wesentliche proaktive Maßnahme zur Reduzierung der Wahrscheinlichkeit, dass ein IACS in Betrieb kompromittiert wird. Der Produkthersteller hat hier die wichtige Verantwortung festzulegen, welcher Patch für das Produkt relevant ist und getestet werden sollte.

Produkthersteller sollten:

- die Prozedur zum Patchen der Software für ihre Produkte und Systeme dokumentieren;
- alle Patches qualifizieren, d. h. Anwendbarkeit und Kompatibilität analysieren und verifizieren, einschließlich ggf. der Patches der Produkthersteller des Betriebssystems oder der Fremdsoftware, die im Produkt verwendet werden;
- eine Liste aller Patches mit deren Genehmigungsstatus zur Verfügung stellen;
- regelmäßig die Betreiber informieren und die Liste aktualisieren, idealerweise innerhalb von 30 Tagen nach der Herausgabe eines Patches vom Produkthersteller des Betriebssystems oder der Fremdsoftware;
- eine geeignete Warnung (mindestens zwei Jahre im Voraus) über Komponenten, die das Ende ihrer Lebenszeit erreichen haben und für die kein weiterer Patch mehr erstellt wird;
- die Betreiber über die Richtlinien für den Support der Produkte informieren.

Betreiber haben die Verantwortung, die Sicherheit, Zuverlässigkeit, Funktionsfähigkeit, Security und Qualität ihres Betriebs aufrecht zu halten. Ein wichtiger Teil hierzu ist die Zusicherung der Security mit dem Patchen der Betriebsmittel des IACS.

Betreiber sollten:

- ein Inventar über alle elektronischen Betriebsmittel des IACS erstellen und pflegen, die durch Veränderung ihrer Funktionalität, Konfiguration, Betrieb, Software, Firmware usw. aktualisiert werden können. Diese Geräte sollten als „aktualisierbare Geräte“ gekennzeichnet werden;
- eine genaue Aufzeichnung der aktuell installierten Versionen jedes Geräts, sog. „installierte Versionen“, erstellen und pflegen;
- regelmäßig bestimmen, welche Aktualisierung für jedes Gerät, sog. „letzte Versionen“, verfügbar sind;
- regelmäßig die „freigegebenen Versionen“ der Aktualisierungen bestimmen, die vom Produkthersteller als kompatibel gekennzeichnet sind und der Richtlinie des Betreibers für „aktualisierbare Geräte“ entsprechen;
- das Einspielen des Patches in einer Art testen, die genau der Produktionsumgebung entspricht, um sicherzustellen, dass die Zuverlässigkeit und Funktionalität des IACS nicht negativ beeinflusst wird, wenn die Patches in der aktuellen Produktionsumgebung installiert werden. Patches, die den Test bestanden haben, werden als „erlaubte Patches“ bezeichnet;
- das Patchen des IACS mit erlaubten, wirksamen Patches zu der nächstmöglichen Gelegenheit innerhalb der Randbedingungen des Designs (z. B. Redundanz, Fehlertoleranz, funktionale Sicherheit) und der Betriebsanforderungen (z. B. ungeplanter Stillstand, geplanter Stillstand, während des Betriebs) einplanen;
- die Aufzeichnungen regelmäßig für jedes aktualisierbare Gerät bezüglich installierter, genehmigter und wirksamer Versionen aktualisieren;
- einen geplanten Zeitabstand für das Einspielen von Patches identifizieren (z. B. wann Patches zur Verfügung stehen; maximal jährlich);
- Patches einspielen und/oder Gegenmaßnahmen umsetzen, um Angriffsmöglichkeiten zu kompensieren.

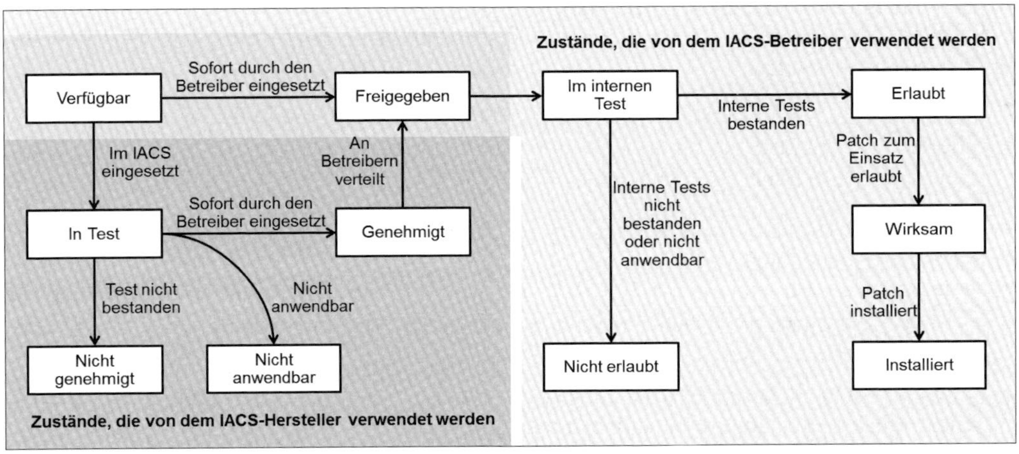

Bild B.1 Patch-Zustandsmodell

B.4 IEC 62443-3-1

Dieser technische Bericht der IEC-62443-Serie [9] stellt eine Bewertung von verschiedenen Werkzeugen, Gegenmaßnahmen und Technologien dar, die zum Schutz von Netzwerk-basierten elektronischen UACS eingesetzt werden können. Es werden mehrere Kategorien auf Automatisierungssysteme fokussierter Technologien beschrieben. In jeder Kategorie werden die Produkttypen, die in der Kategorie verfügbar sind, die Vor- und Nachteile bezüglich der erwarteten Bedrohungen und bekannten Angriffsmöglichkeiten beim Einsatz dieser Produkte in IACS-Umgebungen und die Empfehlungen und Leitfäden beim Einsatz der Produkte und/ oder Gegenmaßnahmen behandelt.

Die Defense-in-Depth-Strategie liegt auch diesem Dokument zugrunde und schließt folgende Auswahl von Technologien ein:

- Authentifikation und Autorisierung,
- Filtern, Blockieren und Zugangskotrolle,
- Verschlüsselung,
- Datenvalidierung,
- Messung,
- Überwachungs- und Detektionswerkzeuge,
- Betriebssysteme.

Zusätzlich ist eine Nicht-Security-Technologie äußerst wichtig und wird in dem technischen Bericht behandelt: der physische Zugangsschutz.

Das Ziel des Dokuments ist, die Security-Technologien, -Werkzeuge und -Maßnahmen zu definieren und kategorisieren, um eine gemeinsame Basis für weitere Berichte und Normen zu liefern. Jede Technologie wird bezüglich der folgenden Gesichtspunkte diskutiert:

- Angriffsmöglichkeit, die von der Technologie, dem Werkzeug oder der Maßnahme adressiert wird,
- typische Auslegung,
- bekannte Fehler und Schwächen,
- Bewertung des Einsatzes in einer IACS-Umgebung,
- zukünftige Weiterentwicklungen,
- Empfehlungen und Leitfaden,
- Informationsquellen und Referenzmaterial.

Der technische Bericht soll den aktuellen Kenntnisstand der Security-Technologien, -Werkzeuge und -Maßnahmen dokumentieren, die in einer IACS-Umgebung einsetzbar sind, klar definieren, welche Technologien heute angemessen eingesetzt werden können, und Bereiche definieren, in denen weitere Forschungsarbeiten erforderlich sind.

B.5 IEC 62443-3-2

Dieser Teil [10] definiert die Vorgehensweise und die Anforderungen, um ein IACS als zu betrachtendes System zu definieren, dieses in Zonen und Conduits aufzuteilen, Risiken zu bewerten, die zu erreichenden Levels festzulegen und die Securitymaßnahmen zu entwickeln.

Der Betreiber und der Systemintegrator sollten eng zusammenarbeiten, um die Prozessschritte durchzuführen (siehe Bild B.2 und Bild B.3).

- Identifikation des zu betrachtenden Systems, einschließlich der Festlegung des Security-Perimeters und die Identifikation aller Zugangspunkte zum zu betrachtenden System;
- Durchführung einer groben Risikobewertung, um das Risiko zu identifizieren, das das zu bewertendes System unter ungünstigsten Randbedingungen für die Organisation bildet;
- Zonen und Conduits bilden, in dem IACS- und zugehörige Assets auf Basis der groben Risikobewertung eingeteilt werden. Die Einteilung kann auch auf Basis von Kriterien, z. B. die Kritikalität der Betriebsmittel, Betriebsfunktionen, physische oder logische Lage, Zugriffsbedarf (z. B. nach dem Prinzip der Mindestrechte) oder verantwortliche Organisation, erfolgen;
- Trennung der in Zonen und Conduits eingeteilten Betriebsmittel von den anderen Betriebsmitteln der Organisation;
- Erstellung einer Darstellung aller Zonen und Conduits des zu betrachtenden Systems. Alle Betriebsmittel müssen einer Zone oder einem Conduit zugeteilt werden. Die Darstellung sollte für jede Zone mit den dazugehörigen Conduits folgende Informationen enthalten:
  - Name und/oder Kennung,
  - logische Begrenzung,
  - ggf. physische Begrenzung,
  - Liste aller physischen und logischen Zugangspunkte und der zugehörigen Begrenzungsgeräte,
  - für jeden Zugangspunkt eine Liste der Datenflüsse,
  - relevante Securityanforderungen,
  - zu erreichende Security-Level,
  - relevante Security-Richtlinien,
  - Annahmen und externe Randbedingungen;
- Erstellung eines Security-Lastenhefts, um die verbindlichen System-Securityanforderungen des zu betrachtenden Systems zu dokumentieren. Die Basis dafür sind die detaillierte Risikobewertung und die übergeordneten Anforderungen aus Richtlinien der Organisation oder des Standorts, Normen oder relevanten Gesetzgebungen. Das Security-Lastenheft sollte mindestens folgende Beschreibungen beinhalten:
  - eine grobe Beschreibung des zu betrachtenden Systems,
  - die physische und logische Umgebung des zu betrachtenden Systems,
  - die Bedrohungslage, die auf das zu betrachtende System Einfluss haben kann,
  - die verbindlichen Securityfunktionen,
  - das tolerable Restrisiko,
  - die Gesetzesanforderungen, die für das zu betrachtende System relevant sind.
- Entwicklung der Securitymaßnahmen je Zone und Conduit im Rahmen der ausführlichen Risikobeurteilung gemäß Ablaufplan in Bild B.3.

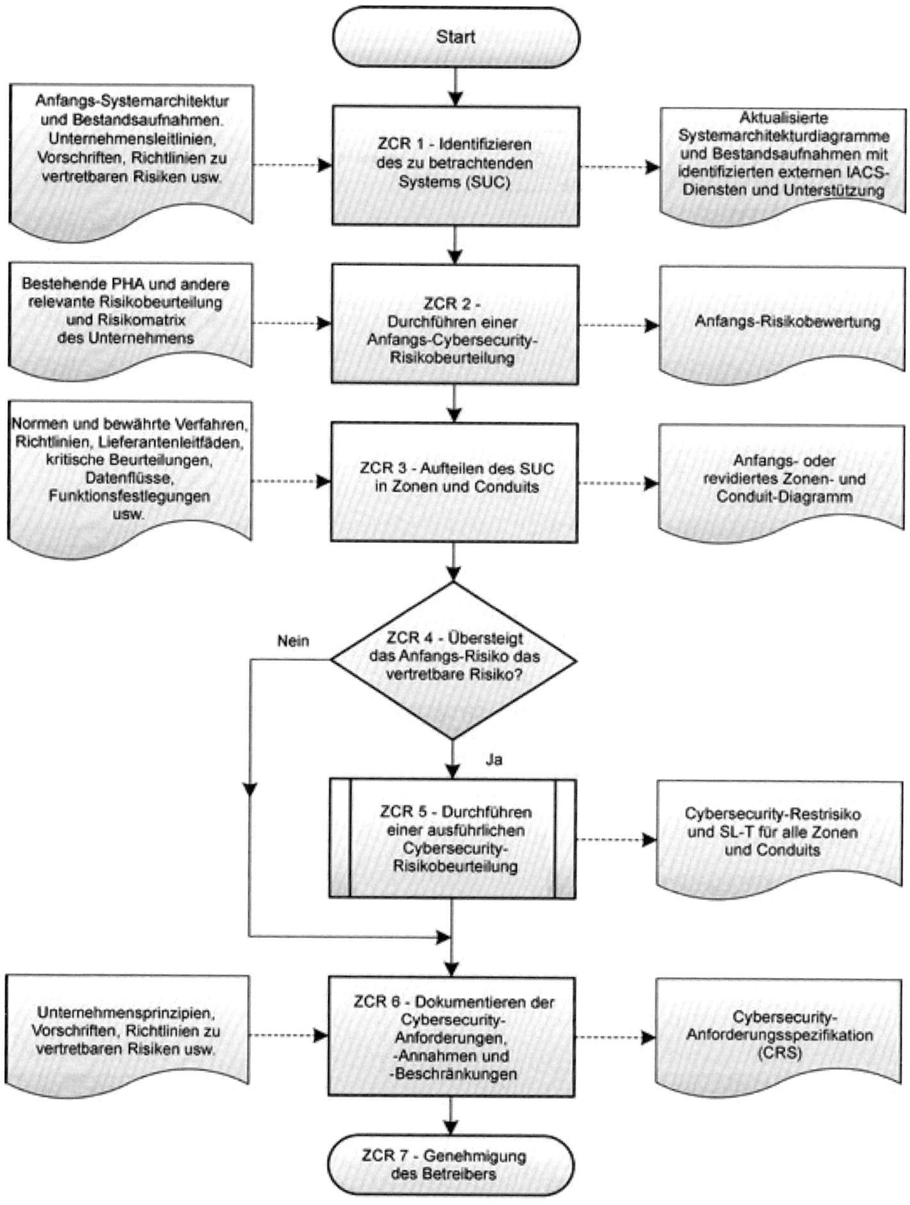

Bild B.2 Arbeitsablaufdiagramm zur Darstellung der erforderlichen Hauptschritte zur Festlegung der Zonen und Conduits und zur Beurteilung des Risikos

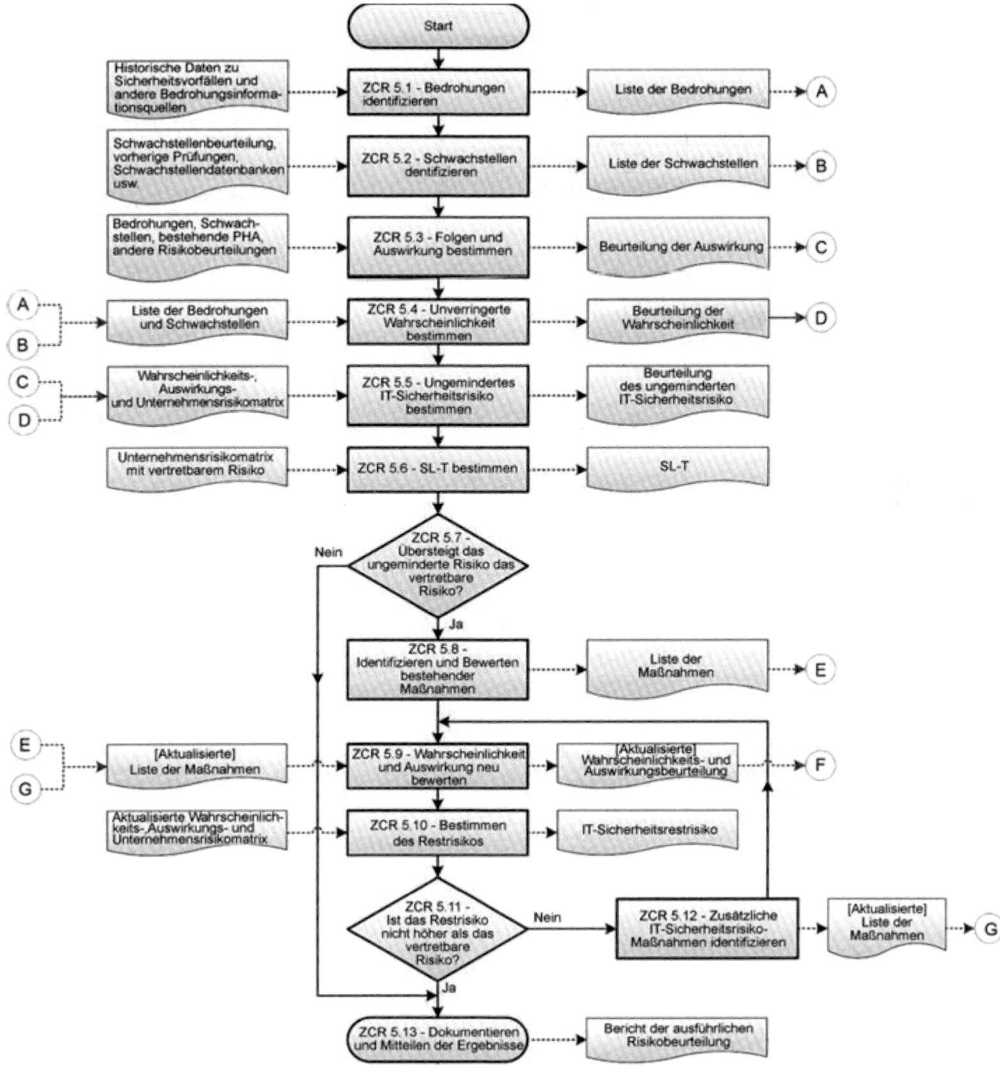

Bild B.3 Arbeitsablauf der ausführlichen Security-Risikobeurteilung je Zone oder Conduit

Anhang C Zuordnung der Securityanforderungen zu den Elementen des Security-Programms (SP) des Betreibers

Dieser Abschnitt schildert die Zuordnung der relevanten Securityanforderungen zu der Struktur des Security-Programms des Betreibers in SPE und Sub-SPE. Die folgenden Tabellen bilden die Meinung des Autors dieses Buch zum Zeitpunkt der Veröffentlichung dieses Buchs[3] ab.

ORG 1 – Security related organization and policies

Securityanforderungen an die IACS-Betreiber (IEC 62443-2-1)

ORG 1.1	Information security management system (ISMS)
ORG 1.2	Background checks
ORG 1.3	Security roles and responsibilities
ORG 1.4	Security awareness training
ORG 1.5	Security responsibilities training
ORG 1.6	Supply chain security

Anforderungen an das Informationsmanagementsystem ISMS (ISO 27001:2022)

4.1	Understanding the organization and its context
4.2	Understanding the needs and expectations of interested parties
4.3	Determining the scope of the information security management system
4.4	Information security management system
5.1	Leadership and commitment
5.2	Leadership, policy
5.3	Organizational roles, responsibilities and authorities
6.1.1	Planning, general
6.1.2	Planning, information security risk assessment
6.1.3	Planning, information security risk treatment
6.2	Information security objectives and planning to achieve them
7.1	Resources
7.2	Competence
7.3	Awareness
7.4	Communication
7.5.1	Documented information, general
7.5.2	Creating and updating documented information

[3] 2024

7.5.3	Control of documented information
8.1	Operational planning and control
8.2	Information security risk assessment
8.3	Operation, information security risk treatment
9.1	Performance evaluation, monitoring, measurement, analysis and evaluation
9.2	Performance evaluation, internal audit
9.3	Performance evaluation, management review
10.1	Improvement, nonconformity and corrective action
10.2	Continual improvement

Zugehörige Anforderungen an die Informationssicherheit (ISO 27001/27002:2022)

5.04	Management responsibilities
5.08	Information security in project management
5.14	Information transfer
5.19	Information security in supplier relationship
5.20	Addressing information security within supplier agreements
5.21	Managing information security in the ICT supply chain
5.22	Monitoring, review and change management of supplier services
5.36	Compliance with policies and standards for information security
5.37	Documented operating procedures
6.01	Screening
6.03	Information security awareness, education and training
6.04	Disciplinary process
6.05	Responsibilities after termination or change of employment
6.06	Confidentiality or non-disclosure agreements
8.08	Management of technical vulnerabilities
8.21	Security of network services
8.30	Outsourced development

Zugehörige Anforderungen an Integratoren und Wartungsdienstleistern (IEC 62443-2-4)

SP.01.01	Solution staffing / Training / Security requirements – IEC 62443-2-4
SP.01.01 RE 1	Solution staffing / Training / Security requirements – IEC 62443-2-4
SP.01.02	Solution staffing / Training / Security requirements – asset owner
SP.01.02 RE 1	Solution staffing / Training / Security requirements – asset owner
SP.01.03	Solution staffing / Training / Sensitive data
SP.01.03 RE 1	Solution staffing / Training / Sensitive data
SP.01.04	Solution staffing / Background checks / Service provider

SP.01.04 RE 1	Solution staffing / Background checks / Subcontractor
SP.01.05	Solution staffing / Personnel – Assignments / Security contact
SP.01.06	Solution staffing / Personnel – Assignments / Security lead
SP.01.07	Solution staffing / Personnel – Changes / Access control

ORG 2 – Security assessments and reviews

Securityanforderungen an die IACS-Betreiber (IEC 62443-2-1)

ORG 2.1	Security risk mitigation
ORG 2.2	Processes for discovery of security anomalies
ORG 2.3	Secure development and support
ORG 2.4	SP reviews

Zugehörige Anforderungen an die Informationssicherheit (ISO 27001/27002:2022)

5.01	Policies for information security
5.07	Threat intelligence
5.08	Information security in project management
5.27	Learning from information security incidents
5.35	Independent review of information security
5.36	Compliance with policies and standards for information security
7.09	Security of assets off-premise
8.08	Management of technical vulnerabilities
8.15	Logging
8.21	Security of network services
8.25	Secure development lifecycle
8.27	Secure system architecture and engineering principles
8.28	Secure coding
8.29	Security testing in development and acceptance
8.31	Separation of development, test and production environments
8.34	Protection of information systems during audit and testing

Zugehörige Anforderungen an Integratoren und Wartungsdienstleistern (IEC 62443-2-4)

SP.02.01	Assurance / Testing / 3rd party
SP.02.02	Assurance / Security tools and software / Usage
SP.02.02 RE 1	Assurance / Security tools and software / Approval
SP.02.02 RE 2	Assurance / Security tools and software / Detection
SP.02.02 RE 3	Assurance / Security tools and software / Robustness

SP.03.01	Architecture / Risk assessment / Usage
SP.03.01 RE 1	Architecture / Risk assessment / Usage
SP.03.01 RE 2	Architecture / Risk assessment / 3rd party

Zugehörige Anforderungen an technischen Fähigkeiten der Automatisierungslösung (IEC 62443-3-3)

SR 3.3	Security functionality verification	SL 1
SR 3.3 RE 1	Automated mechanisms for security functionality verification	SL 3
SR 3.3 RE 2	Security functionality verification during normal operation	SL 4

Zugehörige technische Anforderungen an Automatisierungskomponenten (IEC 62443-4-2)

CR 3.3	Security functionality verification	SL 1
CR 3.3 RE 1	Security functionality verification during normal operation	SL 4

ORG 3 – Security of physical access

Securityanforderungen an die IACS-Betreiber (IEC 62443-2-1)

ORG 3.1	Physical access

Zugehörige Anforderungen an die Informationssicherheit (ISO 27001/27002:2022)

7.01	Physical security perimeter
7.02	Physical entry controls
7.03	Securing offices, rooms and facilities
7.04	Physical security monitoring
7.05	Protecting against physical and environmental threats
7.06	Working in secure areas
7.09	Security of assets off-premise
7.08	Equipment siting and protection
7.10	Storage media
7.12	Cabling security
8.01	User endpoint devices
8.31	Separation of development, test and production environments

CM 1 – Inventory management of IACS hardware/software components and network communications

Securityanforderungen an die IACS-Betreiber (IEC 62443-2-1)

CM 1.1	Asset inventory baseline
CM 1.2	Infrastructure drawings/documentation
CM 1.3	Configuration settings
CM 1.4	Change control

Zugehörige Anforderungen an die Informationssicherheit (ISO 27001/27002:2022)

5.09	Inventory of information and other associated assets
5.10	Acceptable use of information and other associated assets
7.10	Storage media
8.09	Configuration management
8.19	Installation of software on operational systems
8.29	Security testing in development and acceptance
8.32	Change management

Zugehörige Anforderungen an Integratoren und Wartungsdienstleistern (IEC 62443-2-4)

SP.06.01	Configuration management / Network design / Connectivity
SP.06.01 RE 1	Configuration management / Network design / Connectivity
SP.06.02	Configuration management / Devices – all / Inventory register
SP.06.03	Configuration management / Devices – control and instrumentation / Verification

Zugehörige Anforderungen an technischen Fähigkeiten der Automatisierungslösung (IEC 62443-3-3)

SR 7.6	Network and security configuration settings	SL 1
SR 7.6 RE 1	Machine-readable reporting of current security settings	SL 3
SR 7.8	Automation solution component inventory	SL 2

Zugehörige technische Anforderungen an Automatisierungskomponenten (IEC 62443-4-2)

CR 7.6	Network and security configuration settings	SL 1
CR 7.6 RE 1	Machine-readable reporting of current security settings	SL 3
CR 7.8	Automation solution component inventory	SL 2

NET 1 – System segmentation

Securityanforderungen an die IACS-Betreiber (IEC 62443-2-1)

NET 1.1	Segmentation from non-IACS networks
NET 1.2	Documentation of network segment interconnections
NET 1.3	Network segmentation from safety systems
NET 1.4	Network autonomy
NET 1.5	Network disconnection from external networks
NET 1.6	Internal network access control
NET 1.7	Network accessible services
NET 1.8	User messaging

Zugehörige Anforderungen an die Informationssicherheit (ISO 27001/27002:2022)

5.14	Information transfer
8.17	Clock synchronization
8.20	Network controls
8.21	Security of network services
8.22	Web filtering
8.23	Segregation in networks
8.26	Application security requirements

Zugehörige Anforderungen an Integratoren und Wartungsdienstleistern (IEC 62443-2-4)

SP.03.02	Architecture / Network design / Connectivity
SP.03.02 RE 1	Architecture / Network design / Connectivity
SP.03.02 RE 2	Architecture / Network design / Connectivity
SP.03.03 RE 1	Architecture / Network design / Vulnerabilities
SP.03.04	Architecture / Network design / Network time
SP.05.01	SIS / Risk assessment / Verification
SP.05.02	SIS / Network design / Communications
SP.05.03	SIS / Network design / Communications
SP.05.04	SIS / Network design / Communications
SP.05.05	SIS / Devices – workstations / Communications
SP.05.06	SIS / Devices – workstations / Connectivity
SP.05.07	SIS / Devices – workstations / Least functionality

Zugehörige Anforderungen an technischen Fähigkeiten der Automatisierungslösung (IEC 62443-3-3)

SR 2.11 RE 1	Internal time synchronization	SL 3
SR 2.11 RE 2	Protection of time source integrity	SL 4
SR 5.1	Network segmentation	SL 1
SR 5.1 RE 1	Physical network segmentation	SL 2
SR 5.1 RE 2	Independence from non-automation solution networks	SL 3
SR 5.1 RE 3	Logical and physical isolation of critical networks	SL 4
SR 5.2	Zone boundary protection	SL 1
SR 5.2 RE 1	Deny by default, allow by exception	SL 2
SR 5.2 RE 2	Island mode	SL 3
SR 5.2 RE 3	Fail close	SL 3
SR 5.3	General purpose person-to-person communication restrictions	SL 1
SR 5.3 RE 1	Prohibit all general purpose person-to-person communications	SL 3
SR 5.4	Application partitioning	SL 1

Zugehörige technische Anforderungen an Automatisierungskomponenten (IEC 62443-4-2)

CR 2.11 RE 1	Time synchronization	SL 2
CR 2.11 RE 2	Protection of time source integrity	SL 4
CR 5.1	Network segmentation	SL 1
NDR 5.2	Zone boundary protection (Network devices)	SL 1
NDR 5.2 RE1	Deny all, permit by exception (Network devices)	SL 2
NDR 5.2 RE2	Island mode (Network devices)	SL 3
NDR 5.2 RE3	Fail close (Network devices)	SL 3
NDR 5.3	General purpose person-to-person communication restrictions (Network devices)	SL 1

NET 2 – Secure wireless access

Securityanforderungen an die IACS-Betreiber (IEC 62443-2-1)

NET 2.1	Wireless protocols
NET 2.2	Wireless network segmentation
NET 2.3	Wireless properties and addresses

Zugehörige Anforderungen an die Informationssicherheit (ISO 27001/27002:2022)

5.14	Information transfer
8.22	Web filtering

Zugehörige Anforderungen an Integratoren und Wartungsdienstleistern (IEC 62443-2-4)

SP.04.01	Wireless / Network design / Verification
SP.04.02	Wireless / Network design / Access control
SP.04.02 RE 1	Wireless / Network design / Communications
SP.04.03	Wireless / Network design / Communications
SP.04.03 RE 1	Wireless / Network design / Wireless network identifiers
SP.04.03 RE 2	Wireless / Network design / Connectivity
SP.05.08	SIS / Devices – wireless / Connectivity

Zugehörige Anforderungen an technischen Fähigkeiten der Automatisierungslösung (IEC 62443-3-3)

SR 2.2	Wireless use control	SL 1
SR 2.2 RE 1	Identify and report unauthorized wireless devices	SL 3

Zugehörige technische Anforderungen an Automatisierungskomponenten (IEC 62443-4-2)

CR 2.2	Wireless use control	SL 1

NET 3 – Secure remote access

Securityanforderungen an die IACS-Betreiber (IEC 62443-2-1)

NET 3.1	Remote access applications
NET 3.2	Remote access connections
NET 3.3	Remote access termination

Zugehörige Anforderungen an die Informationssicherheit (ISO 27001/27002:2022)

5.14	Information transfer
6.06	Confidentiality or non-disclosure agreements
6.07	Remote working
8.23	Segregation in networks
8.26	Application security requirements

Zugehörige Anforderungen an Integratoren und Wartungsdienstleistern (IEC 62443-2-4)

SP.05.05 RE 1	SIS / Devices – workstations / Communications
SP.07.01	Remote access / Security tools and software / Usage
SP.07.02	Remote access / Security tools and software / Usage

SP.07.03	Remote access / Security tools and software / Usage
SP.07.04	Remote access / Security tools and software / Approval
SP.07.04 RE 1	Remote access / Data protection / Cryptography
SP.05.05 RE 1	SIS / Devices – workstations / Communications

Zugehörige Anforderungen an technischen Fähigkeiten der Automatisierungslösung (IEC 62443-3-3)

SR 1.13	Access via untrusted networks	SL 1
SR 1.13 RE 1	Explicit access request approval	SL 3
SR 2.6	Remote session termination	SL 2

Zugehörige technische Anforderungen an Automatisierungskomponenten (IEC 62443-4-2)

NDR 1.13	Access via untrusted networks (Network devices)	SL 1
NDR 1.13 RE1	Explicit access request approval (Network devices)	SL 3
CR 2.6	Remote session termination	SL 2

COMP 1 – Components and portable media

Securityanforderungen an die IACS-Betreiber (IEC 62443-2-1)

COMP 1.1	Device hardening
COMP 1.2	Dedicated portable media

Zugehörige Anforderungen an die Informationssicherheit (ISO 27001/27002:2022)

7.10	Storage media
8.01	User endpoint devices

Zugehörige Anforderungen an Integratoren und Wartungsdienstleistern (IEC 62443-2-4)

SP.02.03	Assurance / Hardening guidelines / Usage
SP.02.03 RE 1	Assurance / Hardening guidelines / Verification
SP.03.05	Architecture / Devices – all / Least functionality
SP.03.05 RE 1	Architecture / Devices – all / Least functionality
SP.03.10 RE 4	Architecture / Data protection / Sanitizing

Zugehörige Anforderungen an technischen Fähigkeiten der Automatisierungslösung (IEC 62443-3-3)

SR 2.3	Use control for portable and mobile devices	SL 1
SR 2.3 RE 1	Enforcement of security status of portable and mobile devices	SL 3
SR 2.4	Mobile code	SL 1
SR 2.4 RE 1	Mobile code integrity check	SL 3
SR 3.5	Input validation	SL 1
SR 7.7	Least functionality	SL 1

Zugehörige technische Anforderungen an Automatisierungskomponenten (IEC 62443-4-2)

CR 2.3	Use control for portable and mobile devices	SL 1
SAR 2.4	Mobile code (Software applications)	SL 1
EDR 2.4	Mobile code (Embedded devices)	SL 1
HDR 2.4	Mobile code (Host devices)	SL 1
NDR 2.4	Mobile code (Network devices)	SL 1
SAR 2.4 RE 1	Mobile code integrity check (Software applications)	SL 2
EDR 2.4 RE 1	Mobile code integrity check (Embedded devices)	SL 2
HDR 2.4 RE 1	Mobile code integrity check (Host devices)	SL 2
NDR 2.4 RE 1	Mobile code integrity check (Network devices)	SL 2
EDR 2.13	Use of physical diagnostic and test interfaces (Embedded devices)	SL 2
HDR 2.13	Use of physical diagnostic and test interfaces (Host devices)	SL 2
NDR 2.13	Use of physical diagnostic and test interfaces (Network devices)	SL 2
CR 3.5	Input validation	SL 1
EDR 3.11	Physical tamper resistance and detection (Embedded devices)	SL 2
HDR 3.11	Physical tamper resistance and detection (Host devices)	SL 2
NDR 3.11	Physical tamper resistance and detection (Network devices)	SL 2
EDR 3.11 RE 1	Notification of a tampering attempt (Embedded devices)	SL 3
HDR 3.11 RE 1	Notification of a tampering attempt (Host devices)	SL 3
NDR 3.11 RE 1	Notification of a tampering attempt (Network devices)	SL 3
EDR 3.14	Integrity of the boot process (Embedded devices)	SL 1
HDR 3.14	Integrity of the boot process (Host devices)	SL 1
NDR 3.14	Integrity of the boot process (Network devices)	SL 1
EDR 3.14 RE 1	Authenticity of the boot chain (Embedded devices)	SL 2
HDR 3.14 RE 1	Authenticity of the boot process (Host devices)	SL 2
NDR 3.14 RE 1	Authenticity of the boot process (Network devices)	SL 2
CR 7.7	Least functionality	SL 1

COMP 2 – Malware protection

Securityanforderungen an die IACS-Betreiber (IEC 62443-2-1)

COMP 2.1	Malware free
COMP 2.2	Malware protection
COMP 2.3	Malware protection software validation and installation

Zugehörige Anforderungen an die Informationssicherheit (ISO 27001/27002:2022)

8.07	Protection against malware

Zugehörige Anforderungen an Integratoren und Wartungsdienstleistern (IEC 62443-2-4)

SP.10.01	Malware protection / Manual process / Malware protection mechanism
SP.10.02	Malware protection / Security tools and software / Installation
SP.10.02 RE 1	Malware protection / Security tools and software / Installation
SP.10.03	Malware protection / Security tools and software / Detection
SP.10.04	Malware protection / Manual process / Malware definition files
SP.10.05	Malware protection / Devices – all / Sanitizing
SP.10.05 RE 1	Malware protection / Portable media / Usage
SP.10.05 RE 2	Malware protection / Portable media / Sanitizing

Zugehörige Anforderungen an technischen Fähigkeiten der Automatisierungslösung (IEC 62443-3-3)

SR 3.2	Malicious code protection	SL 1
SR 3.2 RE 1	Malicious code protection on entry and exit points	SL 2
SR 3.2 RE 2	Central management and reporting for malicious code protection	SL 3

Zugehörige technische Anforderungen an Automatisierungskomponenten (IEC 62443-4-2)

SAR 3.2	Malicious code protection (Software applications)	SL 1
EDR 3.2	Malicious code protection (Embedded devices)	SL 1
HDR 3.2	Malicious code protection (Host devices)	SL 1
NDR 3.2	Malicious code protection (Network devices)	SL 1
HDR 3.2 RE1	Report version of code protection (Host devices)	SL 2

COMP 3 – Patch management

Securityanforderungen an die IACS-Betreiber (IEC 62443-2-1)

COMP 3.1	Security patch authenticity/integrity
COMP 3.2	Security patch testing and installation
COMP 3.3	Security patch status
COMP 3.4	Security patching retention of security
COMP 3.5	Security patch mitigation

Zugehörige Anforderungen an die Informationssicherheit (ISO 27001/27002:2022)

8.08	Management of technical vulnerabilities

Zugehörige Anforderungen an Integratoren und Wartungsdienstleistern (IEC 62443-2-4)

SP.11.01	Patch management / Manual process / Patch qualification
SP.11.01 RE 1	Patch management / Manual process / Patch qualification
SP.11.02	Patch management / Patch list / Patch qualification
SP.11.02 RE 1	Patch management / Patch list / Patch qualification
SP.11.02 RE 2	Patch management / Patch list / Approval
SP.11.03	Patch management / Security patch / Delivery
SP.11.04	Patch management / Security patch / Installation
SP.11.05	Patch management / Security patch / Approval
SP.11.06	Patch management / Security patch / Installation
SP.11.06 RE 1	Patch management / Security patch / Installation
SP.11.06 RE 2	Patch management / Security patch / Installation
SP.11.06 RE 3	Patch management / Security patch / Installation

Zugehörige technische Anforderungen an Automatisierungskomponenten (IEC 62443-4-2)

EDR 3.10	Support for updates (Embedded devices)	SL 1
HDR 3.10	Support for updates (Host devices)	SL 1
NDR 3.10	Support for updates (Network devices)	SL 1
EDR 3.10 RE 1	Update authenticity and integrity (Embedded devices)	SL 2
HDR 3.10 RE 1	Update authenticity and integrity (Host devices)	SL 2
NDR 3.10 RE 1	Update authenticity and integrity (Network devices)	SL 2

DATA 1 – Protection of data

Securityanforderungen an die IACS-Betreiber (IEC 62443-2-1)

DATA 1.1	Data classification
DATA 1.2	Protection of data
DATA 1.3	Safety system configuration mode
DATA 1.4	Failure-state
DATA 1.5	Data retention
DATA 1.6	Data purging
DATA 1.7	Cryptographic mechanisms
DATA 1.8	Key management
DATA 1.9	Public key infrastructure (PKI)

Zugehörige Anforderungen an die Informationssicherheit (ISO 27001/27002:2022)

5.10	Acceptable use of information and other associated assets
5.12	Classification of information
5.13	Labelling of information
5.14	Information transfer
5.17	Authentication information
5.31	Identification of legal, statutory, regulatory and contractual requirements
5.33	Protection of records
5.34	Privacy and protection of PII
6.06	Confidentiality or non-disclosure agreements
6.07	Remote working
7.07	Clear desk and clear screen
7.10	Storage media
7.14	Secure disposal or re-use of equipment
8.01	User endpoint devices
8.10	Information deletion
8.11	Data masking
8.12	Data leakage prevention
8.15	Logging
8.24	Use of cryptography
8.26	Application security requirements
8.33	Test information

Zugehörige Anforderungen an Integratoren und Wartungsdienstleistern (IEC 62443-2-4)

SP.03.08 RE 2	Architecture / Devices – network / Administration
SP.03.09	Architecture / Data protection / Communications
SP.03.10	Architecture / Data protection / Sensitive data
SP.03.10 RE 1	Architecture / Data protection / Sensitive data
SP.03.10 RE 2	Architecture / Data protection / Data/event retention
SP.03.10 RE 3	Architecture / Data protection / Cryptography
SP.05.09	SIS / User interface / Configuration mode
SP.05.09 RE 1	SIS / User interface / Configuration mode
SP.05.09 RE 2	SIS / User interface / Configuration mode

Zugehörige Anforderungen an technischen Fähigkeiten der Automatisierungslösung (IEC 62443-3-3)

SR 1.5 RE 1	Hardware security for software process identity credentials	SL 3
SR 1.8	Public key infrastructure (PKI) certificates	SL 2
SR 1.9	Strength of public key authentication	SL 2
SR 1.9 RE 1	Hardware security for public key authentication	SL 3
SR 3.1	Communication integrity	SL 1
SR 3.1 RE 1	Cryptographic integrity protection	SL 3
SR 3.9	Protection of audit information	SL 2
SR 3.9 RE 1	Audit records on write-once media	SL 4
SR 4.1	Information confidentiality	SL 1
SR 4.1 RE 1	Protection of confidentiality at rest or in transit via untrusted networks	SL 2
SR 4.1 RE 2	Protection of confidentiality across zone boundaries	SL 4
SR 4.2	Information persistence	SL 2
SR 4.2 RE 1	Purging of shared memory resources	SL 3
SR 4.3	Use of cryptography	SL 1

Zugehörige technische Anforderungen an Automatisierungskomponenten (IEC 62443-4-2)

CR 1.5 RE 1	Hardware security for authenticators	SL 3
CR 1.8	Public key infrastructure (PKI) certificates	SL 2
CR 1.9	Strength of public key authentication	SL 2
CR 1.9 RE 1	Hardware security for public key authentication	SL 3
CR 1.14	Strength of symmetric key-based authentication	SL 2
CR 1.14 RE 1	Hardware security for symmetric key-based authentication	SL 3
CR 3.1	Communication integrity	SL 1

CR 3.1 RE 1	Communication authentication	SL 2
CR 3.9	Protection of audit information	SL 2
CR 3.9 RE 1	Audit records on write-once media	SL 4
EDR 3.12	Provisioning product supplier roots of trust (Embedded devices)	SL 2
HDR 3.12	Provisioning product supplier roots of trust (Host devices)	SL 2
NDR 3.12	Provisioning product supplier roots of trust (Network devices)	SL 2
EDR 3.13	Provisioning asset owner roots of trust (Embedded devices)	SL 2
HDR 3.13	Provisioning asset owner roots of trust (Host devices)	SL 2
NDR 3.13	Provisioning asset owner roots of trust (Network devices)	SL 2
CR 4.1	Information confidentiality	SL 1
CR 4.2	Information persistence	SL 2
CR 4.2 RE 1	Erase of shared memory resources	SL 3
CR 4.2 RE 2	Erase verification	SL 3
CR 4.3	Use of cryptography	SL 1

USER 1 – Identification and authentication

Securityanforderungen an die IACS-Betreiber (IEC 62443-2-1)

USER 1.1	User identity assignment
USER 1.2	User identity removal
USER 1.3	User identity persistence
USER 1.4	Access rights assignment
USER 1.5	Least privilege
USER 1.6	Software service authentication
USER 1.7	Software services interactive login rights
USER 1.8	User authentication
USER 1.9	Multifactor authentication
USER 1.10	Mutual authentication
USER 1.11	Password protection
USER 1.12	Shared and disclosed/compromised passwords
USER 1.13	User login display information
USER 1.14	User login failure displays
USER 1.15	Consecutive login failures
USER 1.16	Session integrity
USER 1.17	Concurrent sessions
USER 1.18	Screen lock

Zugehörige Anforderungen an die Informationssicherheit (ISO 27001/27002:2022)

5.09	Inventory of information and other associated assets
5.15	Access control
5.16	Identity management
5.17	Authentication information
5.18	Access rights
7.07	Clear desk and clear screen
8.02	Privileged access rights
8.05	Secure authentication
8.18	Use of privileged utility programs
8.23	Segregation in networks

Zugehörige Anforderungen an Integratoren und Wartungsdienstleistern (IEC 62443-2-4)

SP.03.06	Architecture / Devices – workstations / Session lock
SP.03.07 RE 1	Architecture / Devices – workstations / Access control
SP.03.08 RE 3	Architecture / Devices – network / Access control
SP.09.01	Account management / Accounts – User and service accounts / Administration
SP.09.02	Account management / Accounts – User and service accounts / Administration
SP.09.02 RE 1	Account management / Accounts – User and service accounts / Administration
SP.09.02 RE 2	Account management / Accounts – User and service accounts / Administration
SP.09.02 RE 3	Account management / Accounts – User and service accounts / Expiration
SP.09.02 RE 4	Account management / Accounts – Administrator / Least functionality
SP.09.03	Account management / Accounts – Default / Least functionality
SP.09.04	Account management / Accounts – User / Least functionality
SP.09.04 RE 1	Account management / Accounts – User / Logging
SP.09.05	Account management / Passwords / Composition
SP.09.06	Account management / Passwords / Expiration
SP.09.06 RE 1	Account management / Passwords / Expiration
SP.09.07	Account management / Passwords / Change
SP.09.08	Account management / Passwords / Reuse
SP.09.08 RE 1	Account management / Passwords / Change
SP.09.09	Account management / Passwords / Shared
SP.09.09 RE 1	Account management / Passwords / Shared

Zugehörige Anforderungen an technischen Fähigkeiten der Automatisierungslösung (IEC 62443-3-3)

SR 1.1	Human user identification and authentication	SL 1
SR 1.1 RE 1	Unique identification and authentication	SL 2
SR 1.1 RE 2	Multifactor authentication for untrusted networks	SL 3
SR 1.1 RE 3	Multifactor authentication for all networks	SL 4
SR 1.2	Software process and device identification and authentication	SL 2
SR 1.2 RE 1	Unique identification and authentication	SL 3
SR 1.3	Account management	SL 1
SR 1.3 RE 1	Unified account management	SL 3
SR 1.4	Identifier management	SL 1
SR 1.5	Authenticator management	SL 1
SR 1.6	Wireless access management	SL 1
SR 1.6 RE 1	Unique identification and authentication	SL 2
SR 1.7	Strength of password-based authentication	SL 1
SR 1.7 RE 1	Password generation and lifetime restrictions for human users	SL 3
SR 1.7 RE 2	Password lifetime restrictions for all users	SL 4
SR 1.10	Authenticator feedback	SL 1
SR 1.11	Unsuccessful login attempts	SL 1
SR 1.12	System use notification	SL 1
SR 2.5	Session lock	SL 1
SR 3.8	Session integrity	SL 2
SR 3.8 RE 1	Invalidation of session IDs after session termination	SL 3
SR 3.8 RE 2	Unique session ID generation	SL 3
SR 3.8 RE 3	Randomness of session IDs	SL 4

Zugehörige technische Anforderungen an Automatisierungskomponenten (IEC 62443-4-2)

CR 1.1	Human user identification and authentication	SL 1
CR 1.1 RE 1	Unique identification and authentication	SL 2
CR 1.1 RE 2	Multifactor authentication for untrusted networks	SL 3
CR 1.2	Software process and device identification and authentication	SL 2
CR 1.2 RE 1	Unique identification and authentication	SL 3
CR 1.3	Account management	SL 1
CR 1.4	Identifier management	SL 1
CR 1.5	Authenticator management	SL 1
NDR 1.6	Wireless access management (Network devices)	SL 1
NDR 1.6 RE 1	Unique identification and authentication (Network devices)	SL 2
CR 1.7	Strength of password-based authentication	SL 1

CR 1.7 RE 1	Password generation and lifetime restrictions for human users	SL 3
CR 1.7 RE 2	Password lifetime restrictions for all users (human, software process, or device)	SL 4
CR 1.10	Authenticator feedback	SL 1
CR 1.11	Unsuccessful login attempts	SL 1
CR 1.12	System use notification	SL 1
CR 2.5	Session lock	SL 1
CR 3.8	Session integrity	SL 2

USER 2 – Authorization and access control

Securityanforderungen an die IACS-Betreiber (IEC 62443-2-1)

USER 2.1	Authorization
USER 2.2	Administrative rights authorization
USER 2.3	Multiple approvals
USER 2.4	Manual elevation of privileges

Zugehörige Anforderungen an die Informationssicherheit (ISO 27001/27002:2022)

5.03	Segregation of duties
5.10	Acceptable use of information and other associated assets
5.15	Access control
8.02	Privileged access rights
8.03	Information access restriction
8.04	Access to source code
8.18	Use of privileged utility programs

Zugehörige Anforderungen an Integratoren und Wartungsdienstleistern (IEC 62443-2-4)

SP.03.07	Architecture / Devices – workstations / Access control
SP.03.08	Architecture / Devices – network / Least functionality
SP.03.08 RE 1	Architecture / Devices – network / Administration

Zugehörige Anforderungen an technischen Fähigkeiten der Automatisierungslösung (IEC 62443-3-3)

SR 2.1	Authorization enforcement	SL 1
SR 2.1 RE 1	Authorization enforcement for all users	SL 2
SR 2.1 RE 2	Permission mapping to roles	SL 2

SR 2.1 RE 3	Supervisor override	SL 3
SR 2.1 RE 4	Dual approval	SL 4
SR 2.7	Concurrent session control	SL 3

Zugehörige technische Anforderungen an Automatisierungskomponenten (IEC 62443-4-2)

CR 2.1	Authorization enforcement	SL 1
CR 2.1 RE 1	Authorization enforcement for all users (humans, software processes and devices)	SL 2
CR 2.1 RE 2	Permission mapping to roles	SL 2
CR 2.1 RE 3	Supervisor override	SL 3
CR 2.1 RE 4	Dual approval	SL 4
CR 2.7	Concurrent session control	SL 3

EVENT 1 – Event and incident management

Securityanforderungen an die IACS-Betreiber (IEC 62443-2-1)

EVENT 1.1	Event detection
EVENT 1.2	Event reporting
EVENT 1.3	Event reporting interfaces
EVENT 1.4	Logging
EVENT 1.5	Log entries
EVENT 1.6	Log access
EVENT 1.7	Event analysis
EVENT 1.8	Incident handling and response
EVENT 1.9	Vulnerability handling

Zugehörige Anforderungen an die Informationssicherheit (ISO 27001/27002:2022)

5.24	Information security incident management planning and preparation
5.25	Assessment and decision on information security events
5.26	Response to information security incidents
5.27	Learning from information security incidents
5.28	Collection of evidence
6.08	Information security event reporting
8.08	Management of technical vulnerabilities
8.15	Logging
8.16	Monitoring activities
8.17	Clock synchronization

Zugehörige Anforderungen an Integratoren und Wartungsdienstleistern (IEC 62443-2-4)

SP.03.03	Architecture / Solution components / Vulnerabilities
SP.08.01	Event management / Events – Security compromises / Responding
SP.08.01 RE 1	Event management / Events – Security compromises / Reporting
SP 08.01 RE 2	Event management / Events – Security compromises / Responding
SP.08.02	Event management / Events – Security-related / Logging
SP.08.02 RE 1	Event management / Events – Security-related / Reporting
SP.08.02 RE 2	Event management / Events – Security-related / Logging
SP.08.03	Event management / Events – Alarms & Events / Logging
SP.08.03 RE 1	Event management / Events – Alarms & Events / Reporting

Zugehörige Anforderungen an technischen Fähigkeiten der Automatisierungslösung (IEC 62443-3-3)

SR 2.8	Auditable events	SL 1
SR 2.8 RE 1	Centrally managed, system-wide audit trail	SL 3
SR 2.9	Audit storage capacity	SL 1
SR 2.9 RE 1	Warn when audit record storage capacity threshold reached	SL 3
SR 2.10	Response to audit processing failures	SL 1
SR 2.11	Timestamps	SL 2
SR 2.12	Non-repudiation	SL 3
SR 2.12 RE 1	Non-repudiation for all users	SL 4
SR 6.1	Audit log accessibility	SL 1
SR 6.1 RE 1	Programmatic access to audit logs	SL 3
SR 6.2	Continuous monitoring	SL 2

Zugehörige technische Anforderungen an Automatisierungskomponenten (IEC 62443-4-2)

CR 2.8	Auditable events	SL 1
CR 2.9	Audit storage capacity	SL 1
CR 2.9 RE 1	Warn when audit record storage capacity threshold reached	SL 3
CR 2.10	Response to audit processing failures	SL 1
CR 2.11	Timestamps	SL 1
CR 2.12	Non-repudiation	SL 1
CR 2.12 RE 1	Non-repudiation for all users	SL 4
EDR 2.13 RE 1	Active monitoring (Embedded devices)	SL 3
HDR 2.13 RE 1	Active monitoring (Host devices)	SL 3
NDR 2.13 RE 1	Active monitoring (network devices)	SL 3

CR 6.1	Audit log accessibility	SL 1
CR 6.1 RE 1	Programmatic access to audit logs	SL 3
CR 6.2	Continuous monitoring	SL 2

AVAIL 1 – System availability and intended functionality

Securityanforderungen an die IACS-Betreiber (IEC 62443-2-1)

AVAIL 1.1	Continuity management
AVAIL 1.2	Resource management
AVAIL 1.3	Failure-state

Zugehörige Anforderungen an die Informationssicherheit (ISO 27001/27002:2022)

5.29	Information security during disruption
5.30	ICT readiness for business continuity
7.11	Supporting utilities
7.13	Equipment maintenance
8.06	Capacity management
8.14	Redundancy of information processing facilities
8.34	Protection of information systems during audit and testing

Zugehörige Anforderungen an Integratoren und Wartungsdienstleistern (IEC 62443-2-4)

SP.08.04	Event management / Events – Alarms & Events / Robustness

Zugehörige Anforderungen an technischen Fähigkeiten der Automatisierungslösung (IEC 62443-3-3)

SR 3.4	Software and information integrity	SL 2
SR 3.4 RE 1	Automated notification about integrity violations	SL 3
SR 3.6	Deterministic output	SL 1
SR 3.7	Error handling	SL 2
SR 7.1	Denial of service protection	SL 1
SR 7.1 RE 1	Manage communication loads	SL 2
SR 7.1 RE 2	Limit DoS effects to other systems or networks	SL 3
SR 7.2	Resource management	SL 1
SR 7.5	Emergency power	SL 1

Zugehörige technische Anforderungen an Automatisierungskomponenten (IEC 62443-4-2)

CR 3.4	Software and information integrity	SL 1
CR 3.4 RE 1	Authenticity of software and information	SL 2
CR 3.4 RE 2	Automated notification about integrity violations	SL 3
CR 3.6	Deterministic output	SL 1
CR 3.7	Error handling	SL 1
CR 7.1	Denial of service protection	SL 1
CR 7.1 RE 1	Manage communication load from component	SL 2
CR 7.2	Resource management	SL 1

AVAIL 2 – Backup/restore/archive

Security requirements to the IACS asset owners (IEC 62443-2-1)

AVAIL 2.1	Backup
AVAIL 2.2	Backup non-interference
AVAIL 2.3	Backup verification
AVAIL 2.4	Backup media
AVAIL 2.5	Backup restoration

Zugehörige Anforderungen an die Informationssicherheit (ISO 27001/27002:2022)

8.13	Information backup

Zugehörige Anforderungen an Integratoren und Wartungsdienstleistern (IEC 62443-2-4)

SP.12.01	Backup/Restore / Manual process / Backup process
SP.12.02	Backup/Restore / Manual process / Restore process
SP.12.03	Backup/Restore / Portable media / Administration
SP.12.04	Backup/Restore / Backup / Verification
SP.12.05	Backup/Restore / Restore / Verification
SP.12.06	Backup/Restore / Backup / Usage
SP.12.07	Backup/Restore / Backup / Robustness
SP.12.08	Backup/Restore / Manual process / Logging
SP.12.09	Backup/Restore / Manual process / Disaster recovery

Zugehörige Anforderungen an technischen Fähigkeiten der Automatisierungslösung (IEC 62443-3-3)

SR 7.3	Automation solution backup	SL 1
SR 7.3 RE 1	Backup verification	SL 2
SR 7.3 RE 2	Backup automation	SL 3
SR 7.4	Automation solution recovery and reconstitution	SL 1

Zugehörige technische Anforderungen an Automatisierungskomponenten (IEC 62443-4-2)

CR 7.3	Automation solution backup	SL 1
CR 7.3 RE 1	Backup integrity verification	SL 2
CR 7.4	Automation solution recovery and reconstitution	SL 1

Abkürzungen

Abkürzung	Begriff	Deutsche Übersetzung
AO	*asset owner*	Betreiber / Eigentümer
CRS	*cybersecurity requirement specification*	Security-Pflichtenheft
ISMS	*information security management system*	Informationssicherheits-Managementsystem
ML	*maturity level*	Reifegrad
MS	*maintenance service provider*	Wartungsdienstleister
SI	*integration service provider*	Systemintegrator
SL	*security level*	Security-Level
SP	*security program*	Security-Programm
SPE	*security program element*	Security-Programmelement
SPS	*security protection scheme*	Schutzschema
SPR	*security protection rating*	Schutz-Level

Literaturverzeichnis

[1] ISO/IEC 27001: Information security, cybersecurity and privacy protection – Information security management systems – Requirements (ISO/IEC 27001:2022)

[2] ISO/IEC 27002: Information security, cybersecurity and privacy protection – Information security controls (ISO/IEC 27002:2022)

[3] IEC 62443-1-1: Industrial communication networks – Network and system security – Part 1-1: Terminology, concepts and models (IEC/TS 62443-1-1:2009)

[4] IEC 62443-1-3: Security for industrial automation and control systems – Part 1-3: Cyber security system conformance metrics (Draft for Comments: 05.10.2015)

[5] IEC 62443-2-1 (Ed. 2.0): Security for industrial automation and control systems – Part 2 1: Requirements for an IACS security management system (IEC 62443-2-1 Ed. 2:2024)

[6] IEC 62443-2-2 (Ed. 1.0): Security for industrial automation and control systems – Part 2-2: IACS Security Protection (Draft Publicly Available Specification: 2024)

[7] IEC 62443-2-3: Security for industrial automation and control systems – Part 2-3: Patch management in the IACS environment (IEC TR 62443-2-3:2015)

[8] IEC 62443-2-4 (Ed. 2.0): Security for industrial automation and control systems – Part 2-4: Security program requirements for IACS service providers (IEC 62443-2-4:2023)

[9] IEC 62443-3-1: Industrial communication networks – Network and system security – Part 3-1: Security technologies for industrial automation and control systems (IEC/TR 62443-3-1:2009)

[10] IEC 62443-3-2 (Ed. 1): Security for industrial automation and control systems – Part 3-2: Security risk assessment and system design (IEC 62443-3-2:2020)

[11] DIN IEC 62443-3-3: Industrielle Kommunikationsnetze – IT-Sicherheit für Netze und Systeme – Teil 3-3: Security-Systemanforderungen zur IT-Sicherheit und Security-Level (IEC 62443-3-3:2013 + Cor.:2014)

[12] IEC 62443-4-1 (Ed. 1): Security for industrial automation and control systems – Part 4-1: Secure Product Development Lifecycle Requirements (IEC 62443-4-1:2018)

[13] IEC 62443-4-2 (Ed. 1): Security for industrial automation and control systems – Part 4-2: Technical security requirements for IACS components (IEC 62443-4-2: 2019)

[14] VDI/VDE 2182: Informationssicherheit in der industriellen Automatisierung – Blatt 1: Allgemeines Vorgehensmodell (VDI/VDE-Richtlinien, Januar 2011)

[15] Siemens AG – White Paper 2022 – Cybersecurity for Industry

Stichwortverzeichnis

VDE
VERLAG
Technik. Wissen. Weiterwissen.
Dennis-Kenji Kipker
Textsammlung Cybersecurity
Wichtige Gesetze, Verordnungen und EU-Richtlinien
Auf Technikwissen bauen:
Wichtige Gesetze, Verordnungen und EU-Richtlinien zur Cybersicherheit
Die Relevanz der Cybersicherheit ist in den letzten Jahren exponentiell gestiegen. Dieses Buch bietet bei der praxisgerechten Umsetzung eine wichtige Hilfestellung, indem es in einem kompakten Band die anwenderzentrierte Systematisierung des Rechts der Cybersecurity vornimmt. Erklärtes Ziel ist es, dem Praktiker das auf seine Bedarfe zugeschnittene Werkzeug zur Verfügung zu stellen, um mit den speziellen regulatorischen Anforderungen von Cybersicherheit umzugehen.
2023
334 Seiten
39,– € (Buch/E-Book)
54,60– € (Kombi)
Preisänderungen und Irrtümer vorbehalten. Sowohl das E-Book als auch das Kombiangebot (Buch + E-Book) sind ausschließlich auf www.vde-verlag.de erhältlich.
Bestellen Sie jetzt: (030) 34 80 01-222 oder www.vde-verlag.de/buecher/605918